安全人机工程

主　编　孟现柱

副主编　宋士学　曾宪禄　黎　昕　李中华

参　编　刘万荣　钱小平　解艳茹　张丽强

苗　晓　张春雷　元增祥　孙桂芳

中国矿业大学出版社

内 容 提 要

本书的主要内容包括安全人机工程学的基本概念、基本理论；人机功能特性比较、人机功能分配、人机系统的可靠性；人的感知特性、显示器的设计；人的运动特性、控制器的设计；控制器与显示器的配置；人体尺寸、作业空间的设计、安全防护空间距离与安全防护装置的设计；人的心理特性、作业环境的设计、作业时的生理变化、疲劳和恢复；人机工程学在控制室、视频显示终端、车间、机床以及家用汽车设计中的应用。通过本书的学习，可以使学生具备对人机系统进行安全设计和安全检查与评价的能力，对于安全工程专业学生的培养及其相关研究具有非常重要的价值。

图书在版编目(CIP)数据

安全人机工程/孟现柱主编. —徐州：中国矿业大学出版社，2019.1

ISBN 978 - 7- 5646 - 4234 - 1

Ⅰ. ①安… Ⅱ. ①孟… Ⅲ. ①安全人机学 Ⅳ. ①X912.9

中国版本图书馆 CIP 数据核字(2018)第254425号

书　　名　安全人机工程
主　　编　孟现柱
责任编辑　王美柱
出版发行　中国矿业大学出版社有限责任公司
　　　　　　(江苏省徐州市解放南路　邮编 221008)
营销热线　(0516)83884103　83885105
出版服务　(0516)83995789　83884920
网　　址　http://www.cumtp.com　**E-mail**:cumtpvip@cumtp.com
印　　刷　江苏淮阴新华印务有限公司
开　　本　787×1092　1/16　**印张** 11.5　**字数** 294千字
版次印次　2019 年 1 月第 1 版　2019 年 1 月第 1 次印刷
定　　价　26.80 元

前　言

安全人机工程学是从安全的角度和着眼点研究人、机、环境的关系，运用人机工程学的原理和方法去解决人机结合面的安全问题的一门新兴学科。作为安全工程学的重要分支学科和人机工程学的一个应用学科，本课程是安全工程专业的一门专业基础课。其性质是一个跨门类、多学科的交叉科学，它处于许多学科和专业技术的结合部上，既有人体科学与工程技术的交叉和渗透，又有社会科学与自然科学等学科的交叉和渗透。为了紧跟科学和技术的发展，适应社会时代的需要，我们编写了这本《安全人机工程》教材。

本书在思路上，以人机工程学的学科思想为主线，在传授知识同时，注重引导学生学习和掌握人机工程学的学科思想——功能匹配思想和简单化思想，注重引导学生运用人机工程学的学科思想去解决实际的人机工程学问题——在解决具体的人机结合面的问题时，引导学生注重显示器与人的感知特性的匹配、控制器与人体运动特性的匹配、显示器与控制器的匹配、环境条件与人的心理、生理及生物力学特性的匹配；在设计具体的人机系统时，引导学生注重显示器的认读简单化、控制器的操作简单化、系统的结构简单化。

本书在内容安排上，突出了安全人机工程学与工效人机工程学的区别，围绕以安全为目标、以工效为条件介绍安全人机工程学的原理和方法，从防止人的不安全行为和物的不安全状态方面论述安全人机工程学的基本概念和基本理论。包括近几十年来安全人机工程学的新进展。本书的主要内容包括安全人机工程学的基本概念、基本理论；人机功能特性比较、人机功能分配、人机系统的可靠性；人的感知特性、显示器的设计；人的运动特性、控制器的设计；控制器与显示器的配置；人体尺寸、作业空间的设计、安全防护空间距离与安全防护装置的设计；人的心理特性、作业环境的设计、作业时的生理变化、疲劳和恢复；人机工程学在控制室、视频显示终端、车间、机床以及家用汽车设计中的应用。通过本书的学习，可以使学生具备对人机系统进行安全设计和安全检查与评价的能力，对于安全工程专业学生的培养及其相关研究具有非常重要的价值。

本书在论述上，采用研究性学习方法编写，侧重于实例分析与应用。本书除了必要的知识性习题外，每章后还附有研究性习题，包括案例分析或专业课科研设计题目，以培养学生的创新意识、创造能力和实践能力。

本书在编排上，采用规范的科学语言叙述，同时注重语言的通俗性，并配以必要的精美图表，可以帮助学生理解相关知识。

本书可作为高等院校理工类安全工程专业、人机与环境工程专业、系统工程专业的本科教材，也可供有关教师、科技人员以及研究生学习参考，还可供政府安全生产主管部门、安全中介机构以及企事业单位从事安全技术管理的人员作为培训教材或参考书使用。

本书由孟现柱担任主编，宋士学、曾宪禄、黎昕、李中华担任副主编，刘万荣、钱小平、解艳茹、张丽强、苗晓、张春雷、元增祥、孙桂芳参与编写。具体分工为：绪论、第一章第一、二节由孟现柱、张春雷、元增祥、孙桂芳编写，第一章第三节、第五章第一、二节由宋士学编写，第二章由曾宪禄编写，第三章第一节、第七章由黎昕编写，第三章第二节由钱小平编写，第四章由刘万荣编写，第五章第三节、第六章由李中华编写，第八章第一、二节由解艳茹编写，第八章第三节由苗晓编写，第八章第四、五节由张丽强编写，孟现柱负责全书的统稿工作。孟庆伦绘制了部分插图。

本书编写过程中参考和引用了许多国内外专家的研究成果和宝贵资料（详见本书的参考文献），本书编者在此表示最诚挚的谢意！

感谢国家自然科学基金项目（11275089）和聊城大学精品课程项目（J201108）、聊城大学实验技术研究项目（LDSY2014031 和 LDSY2014030）给予的资助。

由于编者水平所限，加之时间仓促，不妥之处在所难免，希望能得到指正。

编 者

2018 年 6 月

目　录

绪　论

☞ **教学目标**

1. 掌握人机工程学的定义，熟悉人机工程学在设计中的作用、内容和研究方法；
2. 了解人机工程学的起源与发展史；
3. 掌握安全人机工程学的定义、熟悉安全人机工程学的研究对象以及与其他学科的关系；
4. 知道安全人机工程学与工效人机工程学的关系以及其在安全工程学中的地位。

☞ **教学的重点、难点**

1. 教学重点：人机工程学和安全人机工程学的定义；
2. 教学难点：安全人机工程学与工效人机工程学的关系。

第一节　人机工程学的有关知识

人机工程学是研究人、机及工作环境之间相互配合、相互协调、相互适应的交叉技术学科。自从有人类以来，就开始存在着人机关系——人与工具的关系。人类的生产、生活、科研各行各业都离不开人机工程学。在生产中，各种机械设备、生产工具都离不开人机工程学；在生活中，人的衣、食、住、行(包括办公学习)也离不开人机工程学；人类的科学研究更离不开人机工程学。可以说从简单的筷子到复杂的航天飞机都涉及人机工程学。随着我国现代化建设的进行，随着人们对工作效率和安全健康的重视，人机工程学已经受到越来越多的重视。

一、人机工程学的学科名称

1949 年英国学者莫瑞尔(Murrell)首次提出了“Ergonomics”一词，开创了人机工程学研究的先河。“Ergonomics”由希腊词根“ergon(工作、劳动)”和“nomos(规律、规则)”复合而成，其含义是“人出力正常化”或“人的工作规律”。由于人机工程学应用的范围广，各领域的研究人员对本学科命名的角度也就不同。在大多数欧洲国家，人机工程学被称为“Ergonomics”。在美国，人机工程学被称为“Human Engineering”，译为“人类工程学”或“人体工程学”，“Human Factors Engineering”，译为“人因学”或“人因工程学”；在日本，人机工程学被称为“人间工学”；在原苏联，人机工程学被称为“Эргономика”，译为“工程心理学”。人机工程学在 1970 年代末才在我国兴起，采用“人类工效学”对外交流。由于该学科主要被用于协调产品与人的关系，因而，普遍采用“人机工程学”这一名称。常见的名称还有：“人类工程学"、"工程心理学"、"宜人学"等。

二、人机工程学的学科定义

不仅人机工程学的学科命名不一样，人机工程学的学科定义也不统一，而且随着学科的发展，还在不断地变化。例如，美国人类工程学专家查里斯·C. 伍德(Charles C. Wood)认为：设备设计必须适合人的各方面因素，以便在操作上付出最小的代价而求得最高效率；W. B. 伍德森(W. B. Woodson)认为：人机工程学研究的是人与机器相互关系的合理方案，亦即对人的知觉显示、操作控制、人机系统的设计及其布置和作业系统的组合等进行有效的研究，其目的在于获得最高的效率及作业时感到安全和舒适；A. 查帕尼斯(A. Chapanis)认为：人机工程学是在机械设计中，考虑如何使人获得简便而又准确的操作的一门科学；日本人机工程学家对人机工程学的学科定义为：人机工程学是根据人体解剖学、生理学和心理学等特性，了解并掌握人的作业能力与极限，及其工作、环境、起居条件等和人体相适应的科学；原苏联人机工程学专家对人机工程学的学科定义为：人机工程学是研究人在生产过程中的可能性，劳动活动方式，劳动的组织安排从而提高人的工作效率，同时创造舒适和安全的劳动环境，保障劳动人民的健康，使人从生理上和心理上得到全面发展的一门学科；国际人类工效学学会对人机工程学的学科定义为：人机工程学是研究各种工作环境中人的因素，研究人和机器及环境的相互作用，研究在工作中、家庭生活中和度假时怎样统一考虑工作效率、人的健康、安全和舒适等问题的科学。

在国内，《中国企业管理百科全书》对人机工程学的学科定义为：人机工程学是研究人和机器、环境的相互作用及其合理结合，使设计的机器与环境系统适合人的生理、心理等特点，达到在生产中提高效率、安全、健康和舒适的目的。1979 年版的《辞海》对人机工程学的学科定义为：人机工程学是一门新兴的边缘学科。它是运用人体测量学、生理学、心理学和生物力学以及工程学等学科的研究方法和手段，综合地进行人体结构、功能、心理以及力学等问题研究的学科。用以设计使操作者能发挥最大效能的机械、仪器和控制装置，并研究控制台上各个仪表的最适位置。也有学者对人机工程学的学科定义为：人机工程学是运用生理学、心理学、生物力学和其他有关学科知识，使机器和人相互适应，创造舒适和安全的环境条件，从而提高工效的一门科学。

本书认为人机工程学可简单定义为：人机工程学是研究人、机及工作环境之间相互配合、相互协调、相互适应的交叉技术学科。

三、人机工程学的研究内容

人机工程学研究的对象是"人、机、环境"系统，因此，研究人机工程学应该做到既研究人、机、环境每个子系统的属性，又研究人机系统的整体综合的属性。力求达到人尽其才，机尽其用，环境尽其美，最终目的是使人机功能匹配，系统的综合效能最高，实现保障安全健康和提高工作效率。

1. 人的因素

人是指机器的操作者或使用者，是工作和安全的主体。在人机关系中，人的因素主要包括人体尺寸参数、人的生物力学参数、人的信息传递能力和人的可靠性及作业适应性。

(1) 人体尺寸参数：主要包括动态和静态情况下人的作业姿势及空间活动范围等，它属于人体测量学的研究范畴。

(2) 人的生物力学参数：主要包括人的操纵力、操作速度和操作频率，动作的准确性和耐力极限等，它属于生物力学和劳动生理学的研究范畴。

(3) 人的信息传递能力：主要包括人对信息的接受、存贮、记忆、传递、输出能力，以及各种感觉通道的生理极限能力，它属于工程心理学的研究范畴。

(4) 人的可靠性及作业适应性：主要包括人在劳动过程中的心理调节能力，心理反射机制，以及人在正常情况下失误的可能性和起因，它属于劳动心理学和管理心理学的研究范畴。

2. 机的因素

机是人所操作或使用的各种机器、设备、工具等的总称。广义的机泛指人可操作与可使用的物，包括劳动工具、机器(设备)、生活用品、设施、劳动手段、原材料、工艺流程、计算机软件和环境条件等所有与人相关的物质因素。在人机关系中，机的因素主要包括控制器、显示器和安全防护装置。

(1) 控制器：主要指机器接受人发出指令的各种装置。例如，操作杆、方向盘、按键、按钮等。这些装置的设计及布局必须充分考虑人输出信息的能力。

(2) 显示器：主要指向人作出反馈信息的各种显示装置。例如，模拟显示器、数字显示器、视频显示终端，以及音响报警装置、触觉显示器等。无论机器如何把信息反馈给人，都必须简单、准确，并充分考虑人的各种感觉通道的“容量”。

(3) 安全防护装置：主要指机器出现差错或人出现失误时的安全防护设施和装置。它应包括人和机器两个方面，其中以人为主要保护对象，对于特殊的机器还应考虑救援逃生装置。

3. 环境的因素

在安全中，环境的因素直接或间接地影响着人的工作、系统的运行，甚至影响人的安全。一般情况下，影响人们作业的环境因素主要包括物理环境、化学环境和心理环境。

(1) 物理环境：主要有温度、湿度、照明、噪声、振动、辐射、气压、重力、磁场等。

(2) 化学环境：主要指化学性有毒气体、粉尘、水质以及生物性有害气体、粉尘、水质等。

(3) 心理环境：主要指作业空间、美感因素(例如，产品的形态、色彩等)。此外，还有人际关系等社会环境对人心理状态构成的影响。

4. 系统综合的因素

系统综合的因素主要包括人机功能分配和人机结合面设计。

(1) 人机功能分配：人机功能分配就是全面综合地对人与机的特性进行分析和比较，然后科学、合理地分配人机功能，使系统的各个部分相互配合、相互协调、相互适应。例如，笨重的、快速的、精细的、规律的、单调的、高阶运算的、操作复杂的工作，适合于机器承担；而对机器系统的设计、维修、监控、故障处理，以及程序和指令的安排等，则适合于人来承担。

(2) 人机结合面设计：人机结合面是人机在信息交换和功能上相互接触或影响的领域(或称“界面”)。例如，人通过执行器官(手、脚、口等)向机器控制器发出指令，并通过感觉器官(眼、耳、鼻、舌等)接受机器显示器显示的反馈信息。像执行器官-控制器、感觉器官-显示器这些人机在信息交换和功能上相互接触或影响的界面都属于人机结合面。人机结合面设计的目的是使人与机器的信息传递达到最佳，使人机系统的综合效能达到最高。

此外，综合的因素还包括岗位设计、作业方法、人机的组织管理等内容。

四、人机工程学的主要作用

人机工程学在工业设计和工程设计中具有重要作用，要设计出适合人类适用的产品，必须遵循人机工程学的原理和方法。人机工程学在设计中的作用主要可以概括为以下四点。

1. 为工业设计和工程设计中考虑“人的因素”提供设计依据

为了使设计的机器设备、工艺流程、劳动工具、信息传递和控制器适合人类使用，在工业设计和工程设计中都要考虑人的因素。人机工程学可以为工业设计和工程设计中考虑“人的因素”提供依据，它们包括：提供人体各部分的尺寸、体重以及人体各部分在活动时的相互关系和可及范围等人体结构特征参数；提供人体各部分的出力范围、活动范围、动作速度、动作频率、重心变化以及动作时的习惯等人机机能特征参数；提供人的视觉、听觉、触觉以及肤觉等感觉器官的机能特征；提供人在各种劳动时的生理变化、能量消耗、疲劳机理以及人对各种劳动负荷的适应能力；提供人在工作中影响心理状态的因素以及心理因素对工作效率的影响等。

2. 为工业设计和工程设计中设计“机器设备”提供设计理论

为了使设计的“机器设备”操作起来简便、省力、快速而准确，在设计“机器设备”的显示器、控制器、工作台和控制室等部件的形状、大小、色彩和布置等，都要遵循人机工程学的原理和方法，按照人机工程学提供的参数和要求进行设计。

3. 为工业设计和工程设计中控制“环境因素”提供设计准则

为了保障人在作业中的健康、安全、舒适和高效，在工业设计和工程设计中，需要研究人体对环境中各种物理、化学因素的反应和适应能力，分析振动、噪声、光、热、粉尘和有毒气体等环境因素对人体的生理、心理以及工作效率的影响，并以此来确定人在生产和生活活动中所处的各种环境的舒适范围和安全限度。

4. 为工业设计和工程设计中达到“人机功能匹配”提供设计方法

为了保证人机系统协调，保障人的安全健康和提高工作效率，在各项工业设计和工程设计中均应将人机工程学理论贯穿设计的全过程，在设计的各个阶段，也要以人为本进行人机工程学设计。人机工程学为工业设计和工程设计提供的设计方法就是科学地利用人、机、环境三个要素之间的有机联系来寻求系统的最佳参数和最佳方案，从而达到人机功能匹配。

五、人机工程学的研究方法

人机工程学的研究广泛采用了人体科学和生物科学等相关学科的研究方法和手段，也采用了系统工程、控制论、统计学等其他学科的一些研究方法，同时在人机工程学的研究过程中也建立了一些独特的新方法。这些方法包括：测量法、观察法、实验法、模拟与模型实验法、感觉评价法等。

1. 测量法

测量法是借助器具、设备而进行实际测量的研究方法。测量法包括人体尺寸实测法和心理测量法。

人体尺寸实测法是利用测量工具对人体静态与动态参数的测量或对系统参数、作业参数的测量等。例如，为了获得座椅设计所需要的人体尺寸，就必须对使用人群进行实际的测量。

心理测量法是对人体生理参数的测量。一般依据特定的研究内容，事先设计好调查表，对典型生产环境中的作业者个体或小组进行书面或问询调查，以及必要的客观测试，收集作业者的反应和表现。常用的是抽样测试法。

通过测量法不仅可以测量人体各部分静态和动态数据，也可以测量人在作业前后以及作业过程中的心理状态和各种生理指标的动态变化。

2. 观察法

观察法是通过观察记录自然情景下被观察者的行为表现、活动规律等的研究方法。观察的形式取决于调查的内容和目的，可用公开或秘密的方式进行，也可借助摄影或录像等手段。例如，松下电器为了设计电熨斗曾对公司上百名员工家熨衣处安放摄像机，从中发现了电熨斗线妨碍工作、电熨斗放置麻烦等问题。动作分析、功能分析、工艺流程分析都可以使用此法。由于观察法是有目的、有计划的科学观察，是在不影响事件的情况下进行的，因此可以避免对研究对象产生影响，从而保证研究的自然性与真实性。

通过观察法，可以研究人在作业时的行为动作和反应特征，分析作业过程和工艺流程中存在的问题，找出差错和意外事故的原因。

3. 实验法

实验法是当实测法受到限制时采用的一种方法，是在人为设计的环境中，测试实验对象的行为或反应的研究方法。实验法一般在实验室进行，但也可以在作业现场进行。例如，为了获得人对各种不同显示仪表的认读速度和差错率的数据时，可以进行认读实验。而要了解色彩环境对人的心理、生理和工作效率的影响时，可以在作业现场进行。

4. 模拟和模型实验法

在进行人机系统研究时常采用模拟的方法。模拟方法包括各种技术和装置的模拟。例如，操作训练模拟器、机械模型以及各种人体模型等。通过这类模拟方法可以对某些操作系统进行逼真的实验，可以获得更符合实际的数据。由于模拟器或模型通常比它所模拟的真实系统价格便宜得多，而且可以进行符合实际的研究，所以获得较多的应用。

5. 计算机数值仿真法

数值仿真是在计算机上利用系统的数学模型进行仿真性实验研究。研究者可对尚处于设计阶段的未来系统进行仿真，并就系统中的人、机、环境三要素的功能特点及其相互间的协调性进行分析，从而预知所设计产品的性能并进行改进设计。应用数值仿真研究能大大缩短设计周期，并降低成本。

6. 感觉评价法

感觉评价法是运用人体的主观感受对系统的性质、质量、特征等进行判断和评价的一种方法。例如，通过手感可以判断工具顺不顺手。

利用上述研究方法，可以测量人的静态和动态尺寸，调查或观察作业时人的行为和反应特征，测量作业时人的心理、生理和生物力学特性，为人机系统设计提供设计依据；也可以测量分析显示器、控制器的性能，分析差错和意外事故的原因，发展人机工程学理论。

第二节　人机工程学的学科史

研究人机工程学的学科史，有助于正确认识人机工程学，认识、理解人机工程学的价值和作用。

一、人机工程学的起源和发展

英国是世界上开展人机工程学研究最早的国家，但人机工程学的奠基性工作实际上是在美国完成的。所以，人机工程学有“起源于欧洲，形成于美国”之说。在其形成与发展史中，大致经历了经验期、创建期和成熟期三个时期。

（一）经验期

古代虽然没有系统的人机工程学，但人类所创造的各种器具，从形状的发展变化来看，都是符合人机工程学原理的。例如，旧石器时代的石锤、石砧大部分呈直线形状，但是到了新石器时代，石锤、石镰的形状已经更适合人的使用。经过漫长的发展阶段，随着人的使用，各种器具逐步改进，由不顺手逐渐发展到顺手、宜人和科学化。这种实际存在的人机关系，称为原始人机关系。在这个阶段，古人也逐渐总结了一系列的人机工程学经验。例如，《考工记》中记载“凡察车之道，欲其朴属而微置……轮已崇，则人不能登也，轮已庳，则于马终古登弛也。故兵车之轮六尺有六寸，田车之轮六尺有三寸……”意思是车的各种尺度取决于人的尺度，车轮太高则人不易上下，轮太低，拉车的马就会十分费力。

19 世纪后期，一系列的发明、发现导致了工业的迅速发展，机械化的生产方式和机器大工业日趋成熟。为了追求效率，这时的机械设计多以功能的实现为目标，由于机器设计没有充分考虑人的因素，使人们所从事的劳动在复杂程度和负荷量上都发生了很大变化，改革工具以改善劳动条件和提高劳动效率已经成为一个迫切问题。因此，人们开始了人机关系的一系列研究，最著名的是肌肉疲劳试验、铁锹作业试验和砌砖作业试验。

1. 肌肉疲劳试验

1884 年，德国人莫索（A. Mosso）对人体劳动疲劳进行了试验研究。他对作业的人体通以微电流，发现随着人体疲劳程度的变化，电流也随之变化。这一实验研究为后来的“劳动科学”打下了基础。

2. 铁锹作业试验

20 世纪初，美国人泰勒（F. W. Taylor）在传统管理方法的基础上，首创了新的管理方法，并据此制定了一整套以提高工作效率为目的的操作方法，考虑了人使用的机器、工具、材料及作业环境的标准化问题。例如，1898 年，泰勒对铁锹的使用效率进行了研究。他用形状相同而铲量分别为 5 kg、10 kg、17 kg 和 30 kg 四种铁锹去铲同一堆煤，虽然 17 kg 和 30 kg的铁锹每次铲量大，但实验结果却表明，铲煤量为 10 kg 的铁锹作业效率最高。这就是著名的“铁锹作业试验”。

3. 砌砖作业试验

1911 年吉尔伯勒斯（F. B. Gilreth）对美国建筑工人砌砖作业进行了试验研究。他用快速摄影机把工人的砌砖动作拍摄下来，然后对动作进行分析，去掉多余无效动作，最终提高了工作效率，使工人砌砖速度由当时的每小时 120 块提高到每小时 350 块。

从泰勒的科学管理方法和理论的形成到第二次世界大战之前这一阶段称为经验人机工程学阶段。这一阶段主要研究内容是:研究每一职业的要求;利用测试来选择工人和安排工作;规划利用人力的办法;制定培训方案,使人力得到有效的发挥;研究工作条件;研究管理组织形式;研究工作动机,促进工人和管理者之间的通力合作。

(二)成熟期

人机工程学创建的一个重要刺激因素是20世纪的第二次世界大战。战争期间,许多国家大力发展效能高、威力大的新式武器,但是由于片面地注重了功能和技术研究,忽视了"人的因素"而导致误操作而失败的教训屡见不鲜。据统计,美国在第二次世界大战的飞机事故中,80%是由于误操作方面的原因造成的。以飞机为例,由于座舱及仪表的显示位置设计不当,经常造成驾驶员认读或操作错误,进而发生事故。由于操作复杂、不灵活和不符合人的生理尺寸而造成武器命中率低的现象经常发生。失败的教训使人们逐步认识到"人的因素"在设计中是不能忽视的一个重要条件,要设计好一个高效能的装备,不仅要有工程技术知识,还必须有生理学、心理学、人体测量学、生物力学等学科方面的知识。在这种情况下,人机工程学诞生了。1949年莫瑞尔提出了"Ergonomics"一词,标志着人机工程学的诞生。1957年,美国的麦克考·米克发表了第一部关于人机工程学的专著*Ergonomics*。这一阶段称为科学人机工程学阶段。在这一阶段,人们开始重视工业设计与工程设计中"人的因素",力求在设计机器时使机器适应于人。

(三)发展期

1960年代,世界各国逐渐进入经济高速发展阶段。科学技术的迅速发展,特别是自动化技术、计算机技术、通信技术、材料技术等的进步,导致大量新产品的问世。在这一时期,人机工程学获得了更多的发展机会。同时,由于控制论、信息论、系统论和人体科学等理论的建立,应用新理论进行人机系统的研究便应运而生。1959年亨利·德雷夫斯(Henry Dreyfuss)发表的《人的测量》标志着这一学科已进入较为成熟的阶段。这一阶段称为现代人机工程学阶段。在这一阶段,人们把人、机、环境作为一个统一的整体来进行研究,设计中力求人、机、环境系统的匹配和谐,以使系统获得最佳的综合使用效能。

发展期主要包括快速发展阶段、重新认识阶段和科学发展阶段三个阶段。

1. 快速发展阶段

快速发展阶段大致处于1960年至1980年。在1960年代,美国的人机工程学主要集中在军事上,后来随着航天技术的发展,人机工程学迅速成为航天工业中的一个重要组成部分。随后,人机工程学开始迅速发展,开始在医药、计算机、汽车和其他领域得以应用。工厂也开始注重人机工程学在产品设计方面的应用。例如,瑞典设计师曾纳尔(Rune Zernell)针对阿特拉斯—柯普柯公司生产的电钻手握不便及噪声大的缺点,利用人机模型和"8小时执握"试验于1955年改良了阿特拉斯手持电钻,改良后的电钻执握舒适、操作方便、噪声小,是人机工程学在工具设计中的典型应用。

2. 重新认识阶段

重新认识阶段大致处于1980年至1990年。进入1970年代,随着电子技术的进步和计算机的广泛应用,操作系统对人的要求越来越高,在系统设计中考虑人的因素也显得越来越重要。特别是美国三里岛核电站事故的发生,对人机工程学的发展起了很大的推动作用。1979年3月28日凌晨4时,美国宾夕法尼亚州的三里岛核电站的一个核反应堆堆芯发生部分熔化，造成严重的核泄漏事故。三里岛核泄漏事故是核能史上第一次反应堆堆芯熔毁的事故，也是美国核电历史上最严重的一次事故。在三里岛事故中，从最初清洗设备的工作人员的过失开始，到反应堆彻底毁坏，整个过程只用了 120 s。该事故证明了人在系统中的重要性，也再次证明在系统设计中必须重视人的因素。

3. 科学发展阶段

科学发展阶段处于 1990 年以后。随着对人机工程学的重新认识和科学的发展，这一时期人们科学地建立了人、机、环境系统。把人、机、环境作为一个统一的整体来进行研究，研究中不仅考虑人与机的相互关系，而且考虑各种环境因素(例如，声、光、气体、温度、色彩、辐射等)在系统中的作用和影响。把人机相互适应的低层次匹配提高到人、机、环境系统的高层次匹配。

二、人机工程学的未来和展望

随着科学技术、社会经济的发展，人机工程学的研究领域必将不断扩大，其应用范围也必将日益广泛，其在科技中的作用也必将更为突出。

1. 人机工程学的研究领域将不断扩大

随着人们对健康、安全的关注，人机工程学研究领域将不断扩大。例如，人与生产工艺、人与操作技能、人与工程施工、人与生活服务、人与组织管理、人与游艺设备、人与运输等要素的相互协调适应问题。研究这些问题可以优化人与各相关要素的关系，使机适宜于人，从而使系统达到安全目标和保障工效的目的。

2. 人机工程学的应用范围将日益广泛

人机工程学涉及人的生活、生产、生存领域的各行各业，具有广阔的应用前景。随着人类生活水平的不断提高，人的工作学习、体育健身、休闲娱乐以及衣食住行等各个方面的器具、设施都涉及安全卫生问题，都存在科学化、宜人化问题，因此人机工程学的应用领域将会不断扩大和深入发展。

3. 人机工程学在科技中的作用将更为突出

随着微电子、机器人及计算机技术的发展以及遥感、遥测、遥控技术等自动化程度的提高，将使人在工作中由操作者变为监控者或监督者，由体力劳动者变为脑体结合或脑力劳动者。今后将有越来越多的智能机器，然而当一个新产品给人们带来新体验的同时，也会给人的健康、安全带来一些潜在危害。为了克服这些潜在危害，就需要有人机工程学为其发展“保驾护航”。使产品从内容上讲是高科技、是智能型的，但操作上是简单化、是“傻瓜式”的。当这些潜在危害被解除或缓解之后，就促进这一新科技产品的快速发展，相应地推动人类社会的进步和发展。

虽然人机工程学在未来研究领域宽、应用范围广和科技作用大，但是人机工程学还是发展中的学科，还有许多亟待研究的问题。首先，目前人体测量仅限于人的肢体测量，而缺乏手掌和手指、脚掌和脚趾的测量数据，缺乏疲劳测试、生理测量、生物力学测量数据，也缺乏制定各类安全、卫生标准的生理和心理依据数据。其次，随着新技术的产生和发展，人机工程学的研究重点也会发生变化，并由此产生了许多新问题、新情况。例如，随着计算机技术的发展，出现了由头盔、显示器、头部位置测量器和计算机等组成的头盔瞄准具；随着识别技术的研发，出现了应用于安防设备(例如，门禁等)场所的指纹识别控制技术和虹膜识别控制技术;随着脑机接口技术的产生,甚至出现了脑电波"意念"控制技术。这些新技术中涉及的人机匹配问题将不同于传统人机匹配问题,解决这些问题中人机功能匹配急需运用测量学、生理学、心理学以及计算机学等学科知识综合地进行研究。

第三节　安全人机工程学的有关知识

在现代化生产中,"机"向着高速化、精密化、复杂化发展,对人的判断力、注意力和熟练程度提出了更高的要求。例如,自动化生产线,虽然降低了人的体力劳动强度,但是加重了仪表监控者的视力及注意力、判断能力的强度,以及对人的躯体和颈部活动的限制。由于人始终影响和决定着"机"的性能发挥,因此"机"若是忽略了活动者的身心特性、生物力学特征,则"机"的功能既不可能充分发挥,而且还会损害人的健康,甚至诱发事故。这就要求在"机"的设计中,不仅要使"机"能够高效地工作,还应要求"机"能够保证人处在安全、卫生、舒适的状态。于是导致了安全人机工程学的诞生。

一、安全人机工程学的定义

安全人机工程学是从安全的角度和着眼点研究人、机、环境的关系,运用人机工程学的原理和方法去解决人机结合面的安全问题的一门新兴学科。

二、安全人机工程学的研究目的

安全人机工程学作为人机工程学的重要应用学科,其研究目的是:对人机系统建立合理的方案,更好地在人机之间合理地分配功能,使人机之间有机地结合,有效地发挥人的作用,最大限度地为人提供安全、卫生和舒适的操作条件,从而保障人安全、高效地生产、生活。

三、安全人机工程学的研究内容

从安全人机工程学定义看,安全人机工程学的研究内容包括两大方面。

1. 从安全的角度和着眼点研究人、机、环境的关系

(1) 研究人的各种特性。人的各种特性是学习人机工程学的基础。人机系统中人的特性是指人的生理、心理和生物力学特性。这些特性是安全人机工程学的基础理论部分,是解决安全工程技术问题的主要依据。其中生理特性包括人体的形态机能,静态及动态尺寸,人的信息输入、处理、输出的机制和能力等生理因素等;人体生物力学特性主要包括各种操纵力,人的操作可靠性等;心理特性包括人的心理过程与个性心理特征,人在劳动时的心理状态,安全生产的心理因素和事故的心理因素分析等。

(2) 研究人机特性和人机功能分配。主要研究内容包括人、机和环境的功能特性参数、适应能力、发挥其功能的条件以及人机功能分配方法等。

2. 运用人机工程学的原理和方法去解决人机结合面的安全问题

人机结合面包括控制类界面、工具类界面和环境类界面。

(1) 控制类界面的安全问题主要研究:机器的显示器与人的信息通道特性的匹配、机器的控制器与人体运动特性的匹配以及机器的显示器与控制器性能的匹配等。

(2) 工具类界面的安全问题主要研究:工具的适用性和舒适性,即如何使其与人体的形

态功能、尺寸范围、手感和体感等匹配。工具类界面还涉及作业方法和作业负荷。

作业方法研究包括作业的姿势、体位、用力、作业顺序、合理的工位器具和工卡量具等的研究，目的是消除不必要的劳动消耗。

作业负荷研究主要侧重于劳动负荷、作业疲劳的测定、建模(用模拟技术建立各种作业时的生物力学模型)分析，以确定合适的作业量、作业速率、作息安排等。

(3) 环境类界面的安全问题主要包括作业环境和作业空间两个方面。

作业环境主要研究作业中的物理、化学、生物和美学等因素对人的影响、阈值和控制手段，目的是使环境与人的生理、心理和生物力学特性相匹配。对特殊环境，还须研究人的生命保障系统等。

作业空间主要研究保证安全高效作业所需的空间范围。包括人的最佳视区、最佳作业域、最小的装配作业空间以及最低限度的安全防护空间等。

(4) 研究人机结合面上的安全问题及事故预防。统计表明，有近80%的事故是由于人为失误发生的，而人为失误和人机功能匹配相关性大。因此，研究人机结合面上的安全问题及事故预防主要研究事故中人的因素、人的操作失误分析与事故预防措施等。

四、安全人机工程学与其他科学的关系

构成人机系统三大要素的人、机、环境分别属于行为科学、技术科学和环境科学的研究范畴。因此，安全人机工程学处于许多学科和专业技术的结合部上，既有人体科学与工程技术的交叉和渗透，又有社会科学与自然科学的交叉和渗透。下面简述安全人机工程与其他学科之间的关系，以便更好地认识安全人机工程学。

1. 安全人机工程学与安全学的关系

安全学是从安全的角度和着眼点研究客观世界本质及其运动变化规律的综合性基础学科，而安全人机工程学是从安全的角度和着眼点研究人、机、环境的关系，运用人机工程学的原理和方法去解决人机结合面的安全问题的一门新兴学科，所以安全人机工程学是安全学的分支学科。安全工程学可以分为安全管理工程学，安全设备工程学，安全人机工程学和安全系统工程学。

2. 安全人机工程学与工效人机工程学的关系

安全人机工程学和工效人机工程学都是人机工程学的重要应用学科。安全人机工程学以安全为目标、以工效为条件；工效人机工程学以安全为前提、以工效为目标。

3. 安全人机工程学与安全心理学的关系

安全心理学是心理学的应用学科之一，是安全人机工程学的主要理论基础之一。它研究人在活动过程中的生理心理和社会心理活动，以及信息的接受、储存、加工、传递、处理，以及决策和执行等问题。安全人机工程学则是考虑“人的因素”，为人机系统的安全设计、使用、监督、分析、评定和提供宜人依据。因此，安全心理学研究的所有内容，均对安全人机工程学产生影响。

4. 安全人机工程学与人体测量学、生物力学的关系

人体测量学是根据人体静态和动态尺寸的测量资料，为人机系统的设备设计和工作空间布置提供科学依据。人体生物力学是侧重研究人体这个生物系统运动规律的学科，为人机系统的控制系统设计提供科学依据。因此，人体测量学、生物力学可以为人机工程设计提

供科学依据，是人机工程学的基础。

5. 安全人机工程学与生理学、卫生学、医学及环境科学的关系

生理学、卫生学、医学及环境科学研究人体各方面的机理、机能和效率，以及各种环境对人体的实际影响。这些学科均可以为人机工程设计提供科学依据，是人机工程学的基础。人机工程学需要从人体生理过程、引起职业病原因和人体解剖学原理等方面进行分析，提高人机结合面的质量，以达到保障人的安全和保证人机系统的工作效率。

6. 安全人机工程学与工程技术科学的关系

工程技术科学是研究工程技术设计的具体内容和方法，人机工程学不是研究这些具体内容和方法，而是如何让这些设计适合于人的使用和避免危害。

总之，安全人机工程学是一个跨门类、多学科的交叉科学，它既是安全工程学的重要分支学科，也是人机工程学的一个重要应用学科。

复习思考题

（一）知识性习题

(1) 名词解释：人机工程学、安全人机工程学。

(2) 简述人机工程学的研究内容。

(3) 简述人机工程学的起源。

(4) 简述安全人机工程学与工效人机工程学的关系。

（二）研究性习题

(1) 查阅有关资料，搜集计算机鼠标外形的发展变化，利用人机工程学的学科思想及方法分析原因。

(2) 查阅自行车的发展史，分析其中包含的人机学思想。

第一章　人机功能匹配

☞ 教学目标

1. 知道人的功能、机的功能；掌握人机特性以及人机功能分配；
2. 掌握人机功能匹配的概念和人机功能匹配内容，领会人机功能匹配思想；
3. 掌握可靠性及其度量指标的概念；
4. 掌握人为失误的种类和原因，影响人的可靠度的因素；机的可靠性分布形式；
5. 知道机的可靠性以及系统可靠性的计算，领会简单化思想；
6. 掌握提高系统可靠性的途径。

☞ 教学的重点、难点

1. 教学重点：人机特性比较、人机功能分配、人机功能匹配、可靠性及其度量指标、系统可靠性的计算；

2. 教学难点：可靠性的度量指标、系统可靠性的计算。

原苏联研制的米格-25战斗机，以其优越的性能而广受青睐，然而，众多飞机制造专家却发现：米格-25战斗机所使用的许多零部件与美国战斗机相比要落后得多，而其升降、速度、应激反应等诸方面性能却达到甚至超过了美国同期生产的战斗机。后来研究发现，米格公司在飞机设计时从整体上进行了考虑，对飞机的各个零部件进行了更为协调的组合设计。这一因组合协调而产生的意想不到的效果，被称为“米格-25效应”。米格-25效应说明系统的内部结构是否匹配，对其性能的发挥关系很大。同样，在人机系统中也要重视人机之间的功能匹配。人机功能匹配不仅能提高人机系统的工作效率，还能有效地防止人的不安全行动和机器的不安全状态，做到安全生产。本章将介绍人机功能匹配的有关知识。其中，人机功能匹配思想和简单化思想是人机工程学的两个重要学科思想，它们是人机系统设计中处处遵循的重要思想，贯穿于整个人机工程学的知识体系。

第一节　人机功能特性比较

在一定的环境条件下，由相互作用、相互依赖的人和机组成的具有特定功能的整体叫人机系统(man-machine system)。图1-1给出了人机系统的示意图。从图1-1可以看出，在人机系统中，人的感官通过与机器的显示器相互作用，感知机器的状况信息；人的运动器官与机器的控制器相互作用，将人的指令传递给机器。

人机系统有多种结合形式，其中主要的结合形式有：劳动者-工具形式、操作者-机器

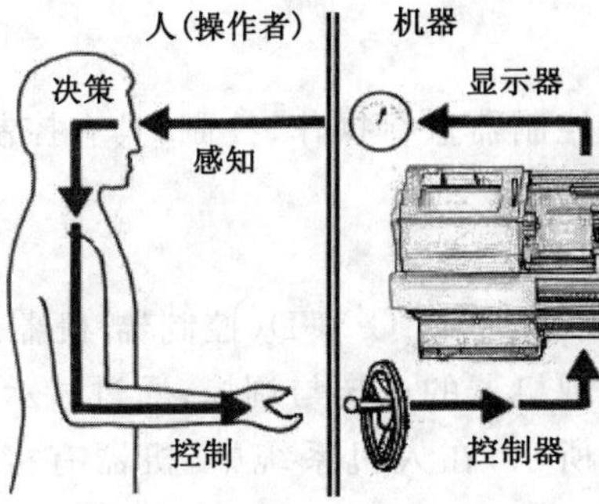

图 1-1　人机系统

形式、监控者-自动化机器形式和监督者-智能机器形式。其中，在劳动者-工具形式中，劳动者既要向工具提供运行的动力，又要对工具进行控制；在操作者-机器形式中，运行的动力由机器自身提供，而机器的控制由操作者实施；在监控者-自动化机器形式中，机器既要提供运行的动力，又要对本身进行控制，使机器按照预定的方式运行，但不能自主运行，监控者只是负责对机器进行启动和纠错；在监督者-智能机器形式中，机器既要提供运行的动力，又要对本身进行自主控制，使机器根据外界因素自主运行，监督者只是负责对机器进行监督。

一、人的主要功能

人机系统的基本模式由人的子系统、机器的子系统和人机界面所组成。其中，人的子系统可概括为 S-O-R(感受刺激-大脑信息加工-作出反应)模式。其任务是通过感官感受外界刺激，感知机器的运转状况与调控信息；通过大脑对信息加工处理；通过运动器官作出反应，对机器进行操作。因此，如图 1-2 所示，在人机系统中，人有感知功能、决策功能和控制功能。

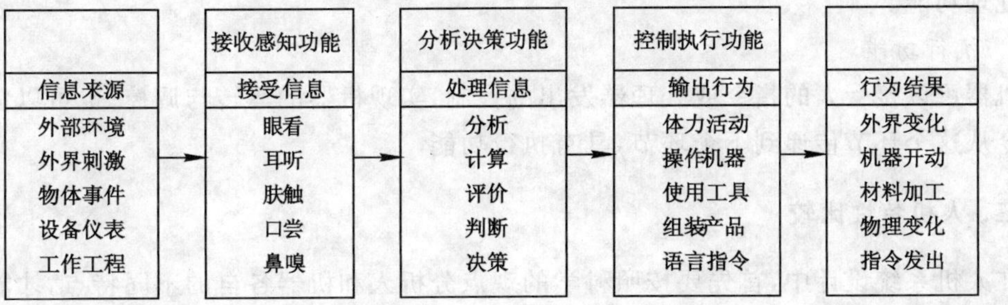

图 1-2　人的主要功能

1. 感知功能

人可以通过感官接受外界信息，感知工作和机器的状况，具有感知功能。

2. 分析决策功能

人可以通过大脑对感知的信息进行分析、计算、储存，并作出评价、判断和决策，具有决策功能。

3. 控制功能

人可以通过运动器官对工具、控制器进行操作、控制，具有控制功能。

二、机器的主要功能

在人机系统中，机器的子系统可概括为 C-M-D(控制器-机器运转-显示器)模式。其任务是通过控制器接受人的指令；实现机器的运转与调控；通过显示器将机器的运转状况与调控信息传递给人。因此，如图 1-3 所示，在人机系统中，机器有接收功能、处理功能和执行功能。

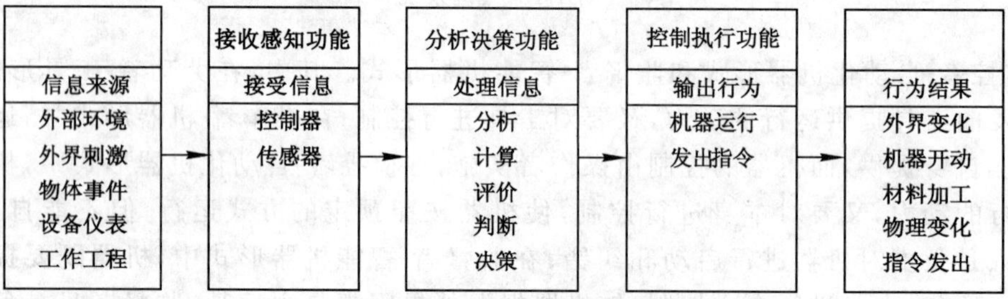

图 1-3　机的主要功能

1. 接收功能

机器可以通过控制器接受人的指令，也可以通过传感器等装置接受感知外界信息，具有接收感知功能。

2. 处理功能

机器可以通过处理器对人的指令和外界信息进行计算和储存；也可以通过处理器对人的指令和外界信息进行分析、作出评价、判断和决策，进而对自身或其他机器发出控制指令，具有处理功能。

3. 执行功能

机器可以接受人的指令或处理器发出的控制，实现机器的运转与调控；也可以借助信号把指令从这个环节传递到下个环节，具有执行功能。

三、人机特性比较

在人机系统设计中，首先要按照科学的观点分析人和机器各自的不同特点，才能研究人与机器的功能分配，从而扬长避短，各尽所长，充分发挥人与机器的各自优点。

表 1-1 给出了人和机在接收感知功能、分析决策功能和控制执行功能方面的主要特性比较。通过对表 1-1 进行分析可以看出，人在复杂感受能力、信息处理能力、综合判断能力、对情况的决策能力、灵活应变能力、智力和学习能力等方面优于机器，但在准确度、体力、速度和知觉能力等方面有限；机器在操纵力、速度、精确度、高阶运算能力、存储能力、连续作业能力和耐久性等方面优于人，但在学习能力、非常规动作、判断能力等方面有限。

表 1-1　　人机特性比较

项目		人	机器
接收感知功能	感受能力	人具有复杂感受能力。例如，人能够识别物体的大小、形状、位置和颜色等特征，能够分辨不同音色和某些化学物质气味，能够运用多种通道接受信息	机器能够接受超声、辐射、微波、磁场等人不能感知的信号，且在感觉速度方面优于人，但只能按照人为设定接受信息
分析决策功能	处理能力	人有感情、意识、情感、智力和主观能动性，有创造、辨别、归纳、演绎、综合、分析、记忆、联想、判断、抽象思维等能力，能发现事物运动规律，对问题提出见解和决策措施	机器无感情、意识、情感、智力（智能机器例外）和主观能动性，没有创造能力，只能按照程序设计机械地辨别、归纳、演绎、综合、分析、记忆、判断，不能对问题提出见解
	学习能力	人具有很强的学习能力，能阅读、归纳和判断，形成概念和方法	机器无学习能力
	计算能力	人的计算慢且容易产生误差，不能进行高阶运算，但善于修正误差	机器的计算快而精确，可进行高阶运算，但不善于修正误差
	记忆能力	人能够记忆大量信息，能够进行多途径存取，擅长对原则和策略的记忆，并能够利用记忆信息进行分析判断	机器具有很强存储能力，信息的传递能力、存储速度和保持能力都比人高
控制执行功能	操作能力	人能够进行各种操作，在自由度、调节和联系能力等方面优于机器，能“独立运行”	机器的操纵力、速度、精确度、操作数量和范围等方面优于人，但不能“独立运行”
	工作效能	人能够依次完成多种功能作业，但不能同时完成多种操作，也不能完成恶劣条件下的作业	机器能够在恶劣环境下工作，也可同时完成多种操作控制；机器的稳定性好，对单调、重复的工作不会降低效率
	连续性	人容易产生疲劳，不能长时间连续工作，且受年龄、性别与健康状况等因素的影响	机器的耐久性高，能长期连续工作，但需要适当维护
	灵活性	通过教育训练，人能够具有多方面的应变能力，适应和应付突发事件能力强	如果是专用机械，不调整则不能改变其作业用途
	可靠性	就人脑而言，人的可靠性高于机器。但在疲劳与紧急事态下，可能极不可靠，人的技术高低、生理及心理状况等对可靠性都有影响，能够处理意外的紧急事件	按照恰当设计制造的机器，能保持高可靠性，但在超负荷情况下可靠性可能突降，其本身的检查和维修能力非常薄弱，不能处理意外的紧急事件

第二节　人机功能分配

人机系统要安全、经济、高效地完成任务，不仅要对人进行培训，对机进行维护，还要科学、合理地进行人机功能分配。

一、人机功能分配

(一) 人机功能分配的定义

人机功能分配是人机系统设计的重要一环,其目的就是根据人机系统的工作要求,通过对人机特性进行权衡分析,把人机系统中各项功能任务科学、合理地分配给人和机,使人和机取长补短,能够使人机系统安全、经济、高效地完成任务。

人机功能分配要在功能分析的基础上,依据人机特性进行科学、合理地功能分配。例如,在人车系统功能分配时,设计人员首先要了解人车系统中需要有路况的感知功能、行驶方向的决策功能、动力的提供功能等。其中,路况的感知功能需要有复杂的感受能力;行驶方向的决策功能需要有复杂感受能力、信息处理能力、综合判断能力、对情况的决策能力、灵活应变能力;动力的提供功能需要大的动力、速度、连续作业能力和耐久性。其次,设计人员要对人和机特性进行权衡:目前人在复杂感受能力、信息处理能力、综合判断能力、对情况的决策能力、灵活应变能力方面优于机器;而机器在动力、速度、连续作业能力和耐久性等方面优于人。最后,设计人员根据上述分析进行人机功能分配:把路况的感知功能和行驶方向的决策功能分配给人,而把动力的提供功能分配给车的发动机。需要指出,随着科技的进步,原来人所承担的功能也可能转变为机器承担。例如,随着计算机的出现,高阶计算逐步为计算机承担;可以预见,随着传感器以及人工智能的发展,复杂图像的识别也会逐步为人工智能承担。

(二) 人机功能分配的原则

人机功能分配必须按照科学、合理的方法来进行,具体分配时主要遵循以下原则。

1. 比较分配原则

通过对人和机的特性进行权衡比较,将人机系统的不同功能客观和符合逻辑地分配给人或机。具体分配时可以采用可靠度比较法,就是考察人或机在承担某项功能时各自的可靠度大小,谁的可靠度高,就将该项功能分配给谁。例如,笨重的、快速的、精细的、规律性的、单调的、高阶运算的、支付大功率的、操作复杂的、环境条件恶劣的作业以及需要检测人不能识别的物理信号的作业,机器的可靠度高于人,这些作业就分配给机器承担;而指令和程序的安排,复杂图形的辨认,机器、系统的监控、维修、设计、创造、故障处理及应付突然事件等工作,人的可靠度高于机器,所以这些作业就由人来承担。

2. 剩余分配原则

在人机功能分配时,首先考虑机器所能承担的系统功能,然后将剩余的部分功能分配给人。在这个分配过程中,也必须掌握和了解人和机器的可靠度,如果盲目地将功能强加于机器,则有可能造成系统的不安全。

3. 经济分配原则

以经济效益为原则,合理恰当地进行人机功能分配。例如,某一特定功能,由机器承担时,需要重新设计、生产和制造;由人来承担时,需要培训、支付劳务费等。这时可以对两者的经济效益进行比较和计算,利用经济原则来确定功能的分配。

4. 宜人分配原则

在人机功能分配时,要按照人的生理、心理和生物力学特性来进行人机功能分配,使人工作时安全、舒适、简单,并能有意识地发挥人的技能。

5. 弹性分配原则

当人机系统的某项功能既可以分配给人，又可以分配给机器时，可以对该功能进行弹性分配，设计成自动和手动双控制模式，这样人可以自由选择参与系统行为的程度。例如，许多控制系统可以自动完成，也可手动完成，尤其现代计算机的控制系统，要有多种人机接口，从而实现不同程度的人机对话。

（三）人机功能分配的考虑因素

人机功能分配时，不仅要遵循上述原则，还应该考虑下列因素。

(1) 进行人机功能分配时，首先应该考虑人和机器的各种特性、负荷能力、潜在能力以及各种限度，把适合于人的功能分配给人，把适合于机器的功能分配给机器。

(2) 将功能分配给人时，还应该考虑人操作机器所需的选择条件和培训时间，根据人员的素质进行人机功能分配。

(3) 将功能分配给人时，还应该考虑人的个体差异和群体差异，让分配给人的功能适合于群体或特定人。

(4) 将功能分配给机器时，还应该考虑机器代替人的效果、可行性、可靠性、经济性，并进行对比分析，根据分析结果最后确定。

(5) 进行人机功能分配时，还应该考虑人和机器对突然事件应激反应能力的差异，并进行对比分析，根据分析结果进行人机功能分配。

二、人机功能匹配

“米格-25 效应”提示我们，在人机系统的设计、制造、安装、运行、管理等环节中不仅要考虑机的特性，还要考虑人的特性，考虑人的感知能力、操作能力、反应速度等特性，只有把人与机结合起来考虑，进行人机功能匹配，才能使人机系统的总体性能最优。

（一）人机功能匹配的定义

人机功能匹配是指在人机系统中把人和机器结合起来，使人和机器相互配合、相互协调、相互适应，实现人配合机器、机器适应人。

人机功能匹配思想是人机工程学的重要学科思想。人机功能匹配思想改变了传统人机系统设计中只考虑机器的思想，使得现代人机系统设计把人和机器综合起来考虑，在设计时既要考虑机器的因素，也要考虑人的因素，还要考虑二者适应、协调的问题。

（二）人机功能匹配中不合理的表现

如果人机功能不匹配，人机系统就不会可靠、安全、高效地工作。例如，小马拉大车不会高效地工作，快马拉破车不会可靠、安全地工作。人机功能不匹配甚至会导致误操作。首先，人机功能不匹配、不协调会使人操作不顺手、认读不方便，很容易导致误操作；其次，控制器、显示器、防护装置设计上存在的缺陷、未能达到最佳匹配也会使人控制复杂化、认读复杂化，很容易造成误操作。而误操作是导致安全事故的主要原因，所以必须重视人机功能匹配中的不合理表现。在实际的人机系统设计中，人机功能匹配中主要有以下不合理表现。

(1) 把适合人的功能分配给机器，把适合机器的功能分配给人。例如，人工智能还不成熟的过去，人在识别、判断复杂路况的能力方面优于汽车，但却将识别、判断复杂路况的功能分配给汽车；再如，汽车在测量车速和里程的能力方面优于人，但汽车却不设置车速仪和里程表，而是让司机在驾车的同时自己判断车辆行驶的速度和里程数。

(2) 人承担的负荷或速度超过人能力极限。例如,上述的小马拉大车;再如,二战时的许多超级大炮虽然威力巨大,但却是操作人员的梦魇,因为搬运和操作这些"超级怪兽"都非常不容易。

(3) 不能根据人执行功能的特点找出人机之间最适宜相联系的途径和手段。例如,控制器的位置设置不合理,不符合人的操作习惯。

(三) 人机功能匹配的内容

人机系统有多少个结合面就涉及多少个匹配。如前所述,人机结合面包括控制类界面、工具类界面和环境类界面。其中,控制类界面包括显示器-感觉器官界面、运动器官-控制器界面、显示器-控制器界面,工具类界面主要涉及工具和人的运动器官,环境类界面涉及环境和人的各种特性。因此,人机功能匹配主要包括以下四个方面的内容。

1. 显示器与人的感知特性匹配

显示器与人的感觉特性相匹配首先要注意当信息由机器的显示器传递到人时,应该注意选择适宜的感觉通道,让人能够简单快速地感知信息,其次,还要防止信息通道过载而失误。

2. 控制器与人的运动特性匹配

控制器与人的运动特性相匹配主要注意当指令从人的运动器官传递给机器时,应该考虑人运动器官的极限能力和操作范围。

3. 显示器与控制器匹配

显示器和控制器的匹配就是显示器和控制器在空间位置上、运动方向上、概念定义上和逻辑习惯上要匹配一致。

4. 作业环境和作业空间与人的生理、心理及生物力学特性匹配

首先,作业环境的照度、色彩、温湿度要与人的生理、心理特性相匹配,同时噪声、尘毒、辐射要符合健康、安全的要求,总之,作业环境要使人能够安全、健康、舒适、高效地工作;其次,作业空间要与人的生物力学特性相匹配,有足够的作业空间,同时让人没有空间压抑感和空旷感。

(四) 人机功能匹配应该注意的问题

为了科学、合理地进行人机功能匹配,进行人机功能匹配时应该注意以下问题。

(1) 进行人机功能匹配时首先要做好人机功能分配,进行人机功能匹配时,不仅要考虑机的性能,还要考虑人的生理、心理及生物力学特性,应该权衡比较人机特性,充分利用人和机的各自优势。

(2) 当信息由机器的显示器传递给人时,应该选择适宜的信息通道,避免信息过载,同时显示器的设计要符合人机工程学原则。

(3) 当指令从人的运动器官传递到机器时,应该考虑人的能力极限和操作范围,使人能够高效、安全、灵活、可靠地操作控制器。

(4) 人机结合面的信息通道和传递频率都不能超过人的能力极限,并使机器适合大多数人。

(5) 进行人机功能匹配时,要考虑机器发生故障的可能性,以及简单排除故障的方法和工具。例如,在机器的合适位置留有维修孔。

(6) 进行人机功能匹配时,要考虑小概率事件的处理,对可能造成破坏的小概率事件要

事先安排监督和控制方法。

总之，在进行人机功能匹配时，不仅要考虑机的因素，还要考虑人的因素，要把人和机结合起来考虑，才能使人配合机，机适应人，实现保障安全健康和提高工作效率。

第三节　人机系统的可靠性

一、可靠性的概念

可靠性是指研究对象在规定条件下和规定时间内完成规定功能的能力。

规定条件包括使用条件、维护条件、环境条件、贮存条件和工作方式等。某些电子元器件在实验室中使用和在火箭上使用，其可靠性就可以相差几个数量级。机器在超负荷下使用和连续不断工作都会使可靠性降低。相反，产品在减负荷(低于使用负荷)下使用，可靠性提高。

规定时间依据不同对象和工作目的而异，例如，火箭要求几秒或几分钟内工作可靠，而一台机床要求的可靠使用时间则长得多。一般来说，机器设备的可靠性随使用时间的增加而逐渐降低，使用时间越长，可靠性越低。使用时间不同，可靠性也不同。

规定功能是指机器设备本身的性能指标和包括人方便、安全、舒适地操作机器的使用功能。当机器和设备达到规定功能，则可靠；当产品丧失规定功能，则称其发生故障、失效或不可靠。

能力是指可靠性的高低，如“平均无故障时间”长。度量可靠性能力的指标很多，例如，可靠度、平均寿命等。

二、可靠性的度量指标

可靠性常用的度量指标有可靠度、不可靠度、故障率、平均无故障时间、维修度和有效度。

1. 可靠度

可靠度是系统或产品在规定条件下、规定时间内，完成规定功能的概率。若把它视为时间的函数，就称为可靠度函数。就概率而言，可靠度是累积分布函数，它表示时间 t 内不出故障的系统或产品数 $[N-N_f(t)]$ 占全部工作的系统或产品数 N 的百分率，即：

$$R(t)=\frac{N-N_f(t)}{N} \tag{1-1}$$

显然，$t=0, N_f(0)=0, R(0)=1$；$t\to\infty, N_f(\infty)\to N, R(\infty)\to 0$。

2. 不可靠度

不可靠度也叫累积故障概率，它是指系统或产品在规定条件和时间 t 内发生故障的概率，即：

$$F(t)=\frac{N_f(t)}{N}=1-R(t) \tag{1-2}$$

显然，$t=0, N_f(0)=0, F(0)=0$；$t\to\infty, N_f(\infty)\to N, F(\infty)\to 1$。

3. 故障率

故障率是指工作到 t 时刻尚未发生故障的产品 $N_s(t)$，在 t 时刻后单位时间内发生故障的概率 $\lambda(t)$。

注意：故障率不是失效率。失效率是指工作到 t 时刻尚未失效的产品，在 t 时刻后单位时间内发生失效的概率。

故障率 $\lambda(t)$ 的观测值等于 t 时刻后单位时间内发生故障的产品数($\Delta N_f(t)/\Delta t$)与尚未发生故障的产品数 $N_s(t)$ 之比：

$$\lambda(t) = \frac{\Delta N_f(t)/\Delta t}{N_s(t)} = \frac{\Delta N_f(t)/\Delta t}{N - N_f(t)} \tag{1-3}$$

4. 平均无故障时间

平均无故障工作时间计算式为：

$$\theta = \bar{t} = \frac{\sum t}{n} \tag{1-4}$$

式中，$\sum t$ 为总工作时间；n 为故障(或失效)次数或试验产品数。

故障率与平均无故障时间关系为：

$$\lambda = 1/\theta \tag{1-5}$$

5. 维修度

产品发生故障后，在规定条件、维修工具、维修方法、维修技术水平下，在规定时间内能够修复的概率叫维修度 $M(\tau)$。

设在 $\tau=0$ 时处于故障状态的产品数为 N_f，经过维修时间 τ 修复的产品数为 N_τ，则：

$$M(\tau) = \frac{N_\tau}{N_f} \tag{1-6}$$

6. 有效度

可靠度和维修度的综合称有效度 $A(t,\tau)$，也叫广义可靠度。其定义为：对于可维修产品，在规定条件下使用，在规定维修条件下修理，在规定时间内具有或维持规定功能处于正常状态的概率。有效度是工作时间 t 和维修时间 τ 的函数：

$$A(t,\tau) = R(t) + F(t)M(\tau) \tag{1-7}$$

有效度的观测值：

$$A = \frac{U}{U + D} \tag{1-8}$$

式中，U 为可工作时间；D 为不可工作时间。

三、可靠性的图像

1. 浴盆曲线

故障率(t)曲线是随使用时间的递增按不同使用阶段变化，曲线形状类似浴盆，所以叫浴盆曲线。如图 1-4 所示。通常可分为：

(1) 初期故障。初期故障发生于机器试制或投产早期的试运转期间。主要原因是设计或生产加工中潜在的缺点所致。潜伏未被发现的错误、制造工艺不良、材料和原器件的缺陷，在使用初期就呈现为故障。例如，螺钉、螺栓有次品，焊接有可能假焊等。

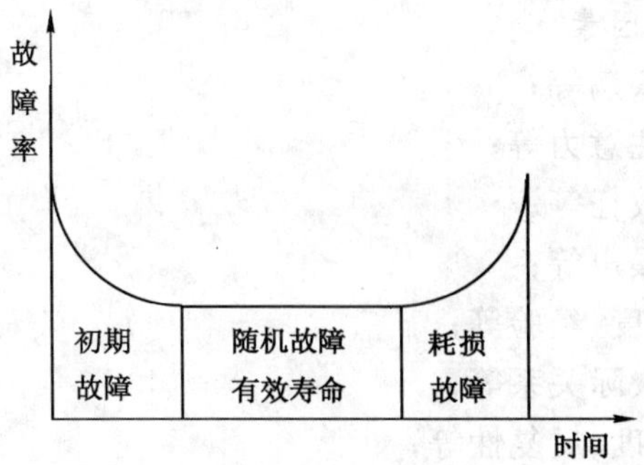

图 1-4　浴盆曲线

为了尽早发现这些缺陷，就要对材料、元器件进行认真筛选、试验、改进制造工艺，以及对成品做延时、老化处理、人机系统的安全性试验等，以提高机器在使用初期的可靠性。

(2) 随机故障。随机故障，是在机器处于正常工作状态下的偶发故障。这期间，故障率较低且稳定，称为恒定故障期。故障原因是超过元器件设计强度和应力过于集中所致。偶发故障是随机的，既无规律又不易预测。随机故障不是通过检修等方法可以避免的。但是对一般机器都可规定一个允许的故障率，而把相应于这个故障率的寿命称为耐用寿命，或有效工期。在一定条件下耐用寿命越长越好。

(3) 耗损故障。耗损故障，也即后期磨损故障。随着时间的增长，故障率迅速增加。主要原因是长期磨损，机器或部件老化、疲劳、腐蚀或类似的原因所致。在研究机器耗损故障之后，就可以制定出一套预防检修和更换部分元件的方法，使耗损故障期延迟到来，以延长有效工作期。

2. 可靠度的计算

定义故障密度函数：

$$f(t)=\frac{\mathrm{d}F(t)}{\mathrm{d}t}=-\frac{\mathrm{d}R(t)}{\mathrm{d}t} \tag{1-9}$$

则：

$$\lambda(t)=\frac{\Delta N_f(t)/\Delta t}{N-N_f(t)}=\frac{f(t)}{R(t)}=-\frac{\mathrm{d}R(t)}{R(t)\mathrm{d}t}=-\frac{\mathrm{d}\ln[R(t)]}{\mathrm{d}t} \tag{1-10}$$

积分：

$$\int\lambda(t)\mathrm{d}t=\int-\mathrm{d}\ln[R(t)] \tag{1-11}$$

得：

$$R(t)=\mathrm{e}^{-\int\lambda(t)\mathrm{d}t} \tag{1-12}$$

当 $\lambda(t)=\lambda$(常数)时，有：

$$R(t)=\mathrm{e}^{-\lambda t}=\mathrm{e}^{-\frac{t}{\theta}} \tag{1-13}$$

可见，随着使用时间延长，机器或部件的可靠度不断降低。

当 $t=\theta$ 时，产品的可靠度为 $R(t)=\mathrm{e}^{-1}=0.368$。

四、人的可靠性

人的可靠性是指人在规定条件下和规定时间内完成规定功能的能力。

1. 影响人的可靠性的因素

(1) 生理因素:体力、疾病等;

(2) 心理因素:情绪、注意力等;

(3) 管理因素:指导、放任等;

(4) 环境因素:照明、噪声等;

(5) 个人因素:熟练程度、经验等;

(6) 社会因素:家庭、人际关系等;

(7) 操作因素:操作速度、反复性等;

(8) 大脑的意识水平:醉酒、清醒等。

2. 人为失误分析

人为失误,是指人在规定时间内和规定条件下,没有完成分配的功能。

人的失误导致灾害事故占有相当大的比例(有的占70%～80%)。因此,必须重视和认真研究人为失误的原因,从而找出防止失误的措施,提高人机系统的安全性。

(1) 失误类型

① 没有执行分配的功能;

② 执行了没有分配的功能;

③ 错误地执行了分配的功能;

④ 按错误的程序或错误的时间执行了分配的功能。

(2) 失误种类

① 设计失误

例如,不恰当的人机功能分配,没按安全人机工程学原理设计,载荷拟定不当,计算用的数学模型错误,选用材料不当,机构或结构形式不妥,计算差错,经验参数选择不当,显示器与控制器距离太远,使操作感到不便等。

② 制造失误

例如,使用不合适的工具,采用了不合格的零件或错误的材料,不合理的加工工艺,加工环境与使用环境相差较大,作业场所或车间配置不当,没有按设计要求进行制造等。

③ 组装失误

例如,错装零件,装错位置,调整错误,接错电线等。

④ 检验失误

例如,安装了不符合要求的材料、不合格配件及使用不合理的工艺方法,或允许有违反安全工程要求的情况存在等。

⑤ 维修保养不正确

例如,未定时对设备进行检修保养,检修保养方法不正确,未严格按照规定全面检修保养等。

⑥ 操作失误

操作中除了使用程序差错、使用工具不当、记忆或注意失误外,主要是信息的确认、解释、判断和操作动作的失误。

⑦ 管理失误

例如,管理制度不健全、教育培训存在缺陷、监督检查不到位、管理出现松懈等。

(3) 失误原因

① 设计原因

设计机器时,对人机结合面的设计没有很好地进行安全人机工程学研究,致使机器系统本身潜藏着导致操作失误的可能性。例如,由于显示和操作控制装置不符合安全人机工程学要求,不适宜人的生理心理及人体生物力学特性,产生错觉失误;操作不便,易产生疲劳;作业环境恶劣,如空间不足、温湿度不适、照明不足、振动及噪声过大等,这些都是诱发人产生失误的因素。

② 操作原因

由于操作者本身的因素,不能与机器系统协调而导致失误。这里包括人的不稳定因素,例如,疲劳、体质差等生理因素和注意力不集中、情绪不稳定、单调等心理因素,使大脑觉醒水平下降;人的技术素质较低,缺乏实践经验;由于训练不足,操作技术不熟练;对设备或工具的性能、特点掌握不充分等。

③ 管理原因

安全管理不当也是产生失误的原因之一。例如,计划不周,决策错误;操作规程不健全,作业管理混乱;监督检查不力或指导错误;信息传达错误;劳动组织不严密;安全教育培训不到位等。

五、机械的可靠性

产品的可靠性指标与产品的故障分布类型有关,如果知道产品的故障分布函数就可以求出 $R(t)$、$\lambda(t)$ 等。常见的故障分布函数有指数分布、正态分布、威布尔分布等。

1. 指数分布

电子产品的寿命分布一般服从指数分布。有些系统的寿命分布也可用指数分布来近似。

用随机变量 T 代表产品的寿命,如果产品寿命 T 的分布密度函数满足 $f(t)=\lambda e^{-\lambda t}$,则称 T 服从指数分布。其累积分布函数:

$$F(t)=\int f(t)\mathrm{d}t=1-e^{-\lambda t} \tag{1-14}$$

(1) 可靠度

$$R(t)=1-F(t)=e^{-\lambda t} \tag{1-15}$$

(2) 故障率

$$\lambda(t)=\frac{f(t)}{R(t)}=\lambda \tag{1-16}$$

(3) 平均寿命

$$\tau=\frac{1}{\lambda} \tag{1-17}$$

2. 正态分布(高斯分布)

正态分布是在机械产品和结构工程中,研究应力分布和强度分布时,最常用的分布形式。它对于因腐蚀、磨损、疲劳而引起的失效分布特别有用。

正态分布曲线的观测值在平均值附近出现的机会最多;大小相等、符号相反的偏差发生的频率大致相等;特大正偏差和特大负偏差趋近于零。

如果产品寿命 T 的分布密度函数满足式(1-18),则称 T 服从均值 μ 和标准差 σ 的正态分布。其中,t 是随机变量的取值;μ 为正态分布的均值;σ 是正态分布的标准差。正态分布记为 $T \sim N(\mu,\sigma^2)$。

$$f(t)=\frac{1}{\sigma\sqrt{2\pi}}\mathrm{e}^{-\frac{1}{2}\left(\frac{t-\mu}{\sigma}\right)^2} \quad t\in(-\infty,+\infty),(\sigma>0) \tag{1-18}$$

其累积分布函数:

$$F(t)=\int f(t)\mathrm{d}t \tag{1-19}$$

当 $\mu=0,\sigma=1$,称标准正态分布。记为 $X\sim N(0,1)$,X 为随机变量,这时分布密度函数为:

$$\varphi(x)=\frac{1}{\sqrt{2\pi}}\mathrm{e}^{-\frac{x^2}{2}} \tag{1-20}$$

其累积分布函数:

$$\Phi(x)=\int \varphi(x)\mathrm{d}x \tag{1-21}$$

为了计算 $F(t)$,令 $x=\frac{(t-\mu)}{\sigma}$,则 $\mathrm{d}x=\frac{\mathrm{d}t}{\sigma}$,故:

$$F(t)=\int_{-\infty}^{\frac{t-\mu}{\sigma}}\frac{1}{\sqrt{2\pi}}\mathrm{e}^{-\frac{x^2}{2}}\mathrm{d}x=\Phi\left(\frac{t-\mu}{\sigma}\right) \tag{1-22}$$

(1) 可靠度

$$R(t)=1-F(t)=1-\Phi\left(\frac{t-\mu}{\sigma}\right) \tag{1-23}$$

(2) 故障率

$$\lambda(t)=\frac{f(t)}{R(t)}=\frac{1}{\sigma\sqrt{2\pi}}\mathrm{e}^{-\frac{1}{2}\left(\frac{t-\mu}{\sigma}\right)^2}/\left[1-\Phi\left(\frac{t-u}{\sigma}\right)\right] \tag{1-24}$$

3. 威布尔分布

威布尔分布在可靠性工程中被广泛应用,尤其适用于机电类产品的磨损累计失效的分布。

瑞典工程师威布尔研究轴承寿命、结构强度和疲劳等问题时假设一个结构是由 n 个小元件串联而成,可形象地将结构看成是由 n 个环构成的一链条,其强度(或寿命)取决于最薄弱环的强度(或寿命)。设各环强度(或寿命)相互独立,分布相同,则求链强度(或寿命)的概率分布就变成求极小值分布问题,由此给出威布尔分布函数。

1943 年原苏联学者格涅坚科指出,不管随机变量的原始分布如何,它的极小值的渐近分布只能有三种,而威布尔分布就是第Ⅲ种极小值分布。

若产品寿命 T 的分布密度函数满足式(1-25),则称 T 服从威布尔分布。

$$f(t)=\frac{m\,(t-\nu)^{m-1}}{t_0^m}\mathrm{e}^{-\frac{(t-\nu)^m}{t_0^m}} \tag{1-25}$$

式中 m——形状参数;

ν——位置参数:产品的最低寿命,$t\geqslant\nu$;

t_0——尺度参数(对图形起放大或缩小作用)。

其累积分布函数:

$$F(t)=1-e^{-\frac{(t-\nu)^m}{t_0^m}} \tag{1-26}$$

(1) 可靠度

$$R(t)=1-F(t)=e^{-\frac{(t-\nu)^m}{t_0^m}} \tag{1-27}$$

(2) 故障率

$$\lambda(t)=\frac{f(t)}{R(t)}=\frac{m\,(t-\nu)^{m-1}}{t_0^m} \tag{1-28}$$

当 $m=1$ 时，$\lambda(t)$ 为常数；当 $m>1$ 时，$\lambda(t)$ 随时间增大；当 $m<1$ 时，$\lambda(t)$ 随时间减小。如图 1-5 所示。

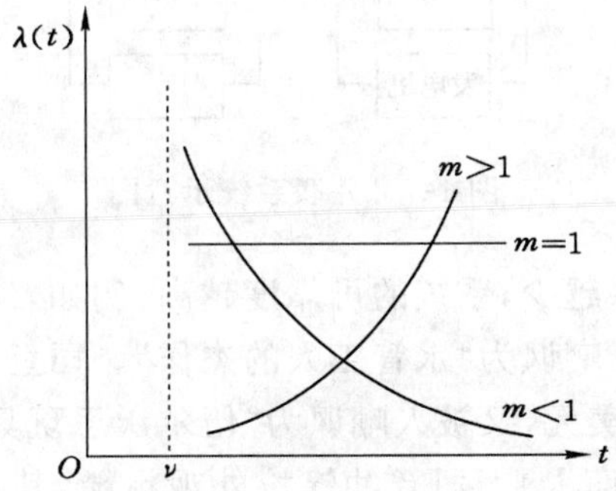

图 1-5　威布尔分布的故障率

六、人机系统的可靠度计算

1. 串联系统

系统中的下属几个组件全部工作正常时，系统才正常；当系统中有一个或以上的组件失效时，系统就失效，这样的系统称串联系统。

串联系统中正常事件是"交"的关系，逻辑上是"与"的关系，系统要正常工作，必须各子系统都正常。

设系统下属组件的可靠度分别为 $R_1,R_2,R_3,\cdots,R_n$，则系统可靠度为：

$$R_s=R_1\cdot R_2\cdot R_3\cdot\cdots\cdot R_n \tag{1-29}$$

如图 1-6 所示，如果 i 越大，部件越多，可靠性越差。

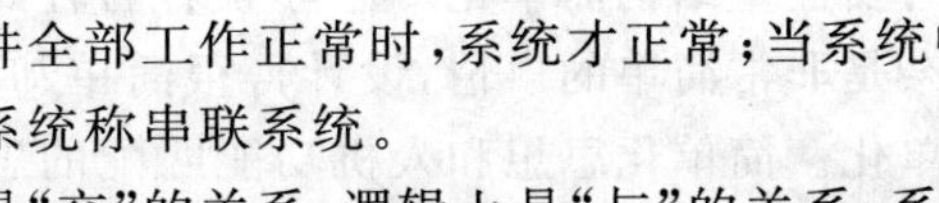

图 1-6　串联系统示意图

2. 并联系统

系统下属组件中只要一个工作正常，系统就正常工作，只有全部组件都失效，系统才失效，这样的系统称并联系统。

并联系统中不正常事件是"交"的关系，逻辑上是"与"的关系，系统要不正常工作，必须各子系统都不正常。

设系统下属组件的可靠度分别为 $R_1, R_2, R_3, \cdots, R_n$，相应组件的不可靠度分别为 $1-R_1, 1-R_2, 1-R_3, \cdots, 1-R_n$，则系统不可靠度：

$$F_s = 1 - R_s = (1-R_1)\cdot(1-R_2)\cdot(1-R_3)\cdot\cdots\cdot(1-R_n) \tag{1-30}$$

如图 1-7 所示，如果 i 越大，部件越多，可靠性越大。这种允许一个或若干个部件失效而系统能够正常工作的系统称冗余系统。

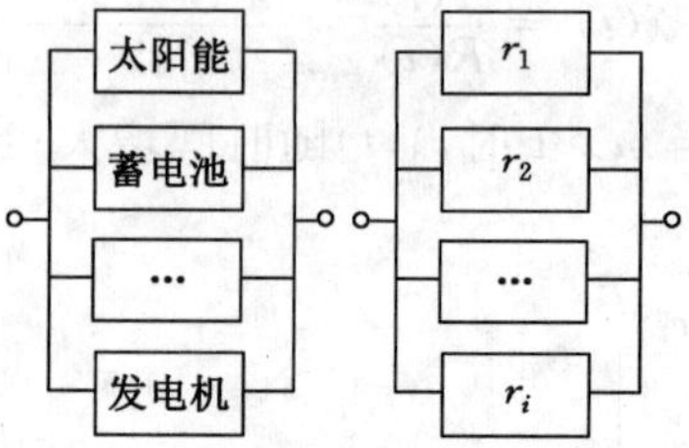

图 1-7　并联系统示意图

对于串联系统来说，部件越少，系统的可靠度越高，例如，二战中著名的司登冲锋枪。司登冲锋枪结构非常简单，被人嘲讽为“水管工人的杰作”。司登冲锋枪制造起来省工省料，成本低廉，一支枪费用不到 10 美元，又被人嘲讽为“伍尔沃思玩具枪”（伍尔沃思是一个出售售价 5～10 美元小商品的美国商人）。司登冲锋枪外观粗糙，其英文名称 Stens 和英文的“恶臭”Stench 形音相似，因此又被嘲讽为“臭气枪”。但是司登枪却是二战名枪之一，在二战中屡建奇功。这主要是因为它威力大、性能可靠、成本低廉、可以大量生产。二战中产量高达 375 万支。

由该实例可以看出，对枪械设计（串联系统）来讲，结构越简单，部件越少，可靠度越高。为了提高可靠性，在设计时要注重结构简单化。原苏联著名轻武器设计师斯帕金有句名言“将一件武器设计得很复杂是非常简单的事情，设计得很简单却是极其复杂的事情”。在人机工程学中，也要重视简单化。简单化思想和人机功能匹配的思想都是人机工程学的重要学科思想。在人机工程中，简单化思想体现在显示器的认读简单化、控制器的操作简单化、系统的结构简单化三个方面。

七、人机系统的可靠度

1. 简单人机系统可靠度

人机系统通常看作串联系统，对于图 1-8，其可靠度：

$$R_s = R_{人}\cdot R_{机} = R_H \cdot R_M \tag{1-31}$$

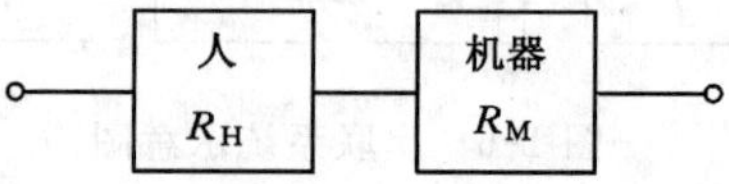

图 1-8　人机系统

日本的井口雅一提出人的可靠度 r 取决于信息输入、信息处理、信息输出三个阶段的基本可靠度 r_1、r_2、r_3，还受作业时间 b、操作频率 c、危险程度 d、生理心理因素 e 和环境因素 f 的影响（不可靠度），因此人的可靠度：

$$R_H = 1 - b \cdot c \cdot d \cdot e \cdot f \cdot (1 - r_1 \cdot r_2 \cdot r_3) \tag{1-32}$$

2. 二人监控人机系统可靠度

二人监控系统，如图 1-9 所示，以切断电源为例：

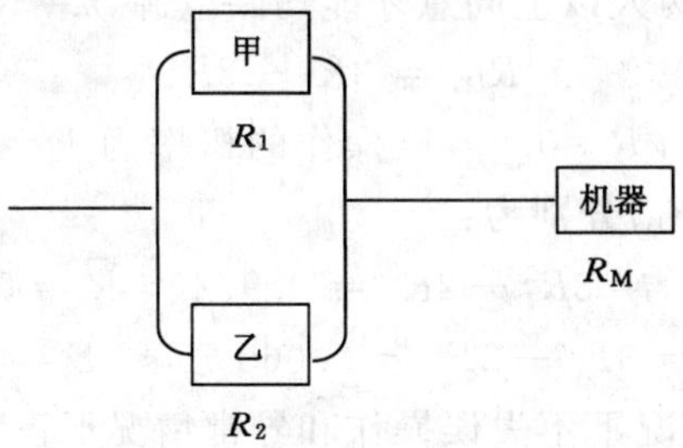

图 1-9　二人监控的人机系统

(1) 异常状况时，操作者切断电源的可靠度为(正确操作的概率)：

$$R_{Hb} = 1 - (1 - R_1)(1 - R_2) \tag{1-33}$$

(2) 正常状况时，操作者不切断电源的可靠度为(正确操作的概率)：

$$R_{Hb} = R_1 R_2 \tag{1-34}$$

可见异常状况时两人控制的可靠度比一人大；正常状况时两人控制的可靠度比一人小，即正常状况时产生误操作的概率大。

二人监控的人机系统的可靠度 R_{sr} 为：

异常情况正常操作概率：

$$R_{sr} = R_{Hb} R_M = [1 - (1 - R_1)(1 - R_2)] R_M \tag{1-35}$$

正常情况正常操作概率：

$$R_{sr} = R_{Hb} R_M = R_1 R_2 R_M \tag{1-36}$$

可见二人监控作业异常情况的正常操作和正常情况的误操作概率都增加。

3. 多人表决的人机系统可靠度

(1) 表决系统

设有一个由 n 个单元组成的系统，其中任意 r 个或 r 个以上单元正常工作，系统就能正常工作。这样的系统称为 n 中取 r 系统(多人表决的冗余人机系统)，如图 1-10 所示。

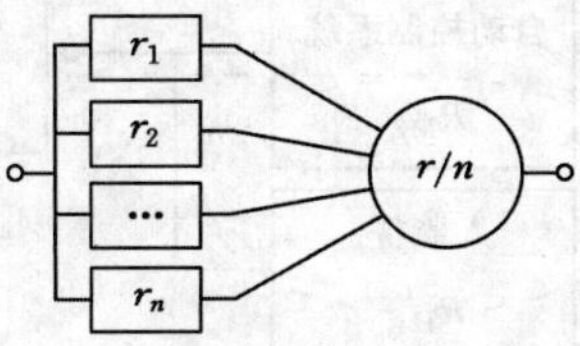

图 1-10　多人表决的冗余人机系统

在 n 中取 r 系统中，当 r 个人的控制工作同时失误时，系统才会失败。

设每个人的可靠度均为 R，则系统全体人员的操作可靠度：

$$R_{Hn} = \sum C_n^i (1 - R)^i R^{(i-1)} \quad 0 < i < r - 1 \tag{1-37}$$

式中，C_n^i 表示从 n 个元素取 i 个的组合数，即 n 个人中有 i 个人同意的事件数。

$$C_n^i = \frac{n!}{[i!(n-1)!]}（且规定 C_n^0 = 1） \tag{1-38}$$

（2）多人表决的人机系统可靠度计算实例

例：三人监视作业时，有两人以上同意才能切断电源，$n=3$，$r=2$，则其可靠度为：

$$R_{H3} = 3R^2 - 2R^3 \tag{1-39}$$

若每人正确操作的概率为 $R=0.90$，误操作的概率为 $F=0.15$，则该系统中，正确操作的概率 R_{H3} 及误操作的概率 F_{H3} 分别为：

$$R_{H3} = 3R^2 - 2R^3 = 0.972 > R = 0.9$$

$$F_{H3} = 3F^2 - 2F^3 = 0.060\,75 < F = 0.15$$

可见表决系统中，正常情况下不失误操作和异常情况下正确操作的可靠性都提高。

多人表决的人机系统的可靠度：

$$R_{sd} = R_{Hn} \cdot R_M = \sum C_n^i (1-R)^i R^{(i-1)} \cdot R_M \tag{1-40}$$

4. 监控器监控的冗余人机系统

如图 1-11 所示的监控器监控的冗余人机系统可靠度计算：设监控器的可靠度为 R_{MK}，则人机系统可靠度为：

$$R_{sk} = [1-(1-R_H \cdot R_{MK})(1-R_H)] \cdot R_M \tag{1-41}$$

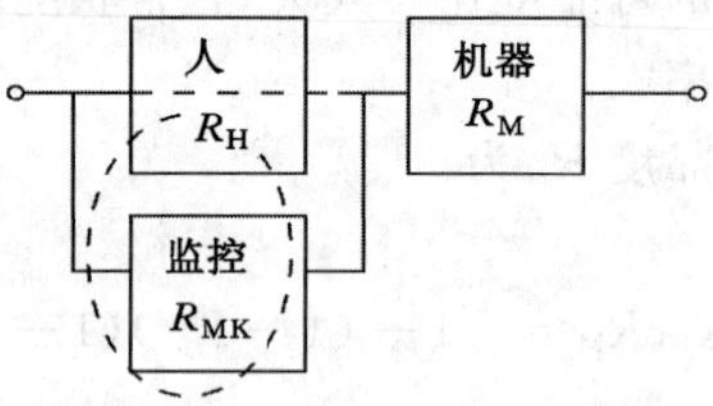

图 1-11　监控器监控的冗余人机系统

5. 自动控制的冗余人机系统

如图 1-12 所示的自动控制的冗余人机系统可靠度计算：设自动控制系统的可靠度为 R_{MZ}，则可靠度：

$$R_{sz} = [1-(1-R_H \cdot R_{MZ})(1-R_{MZ})] \cdot R_M \tag{1-42}$$

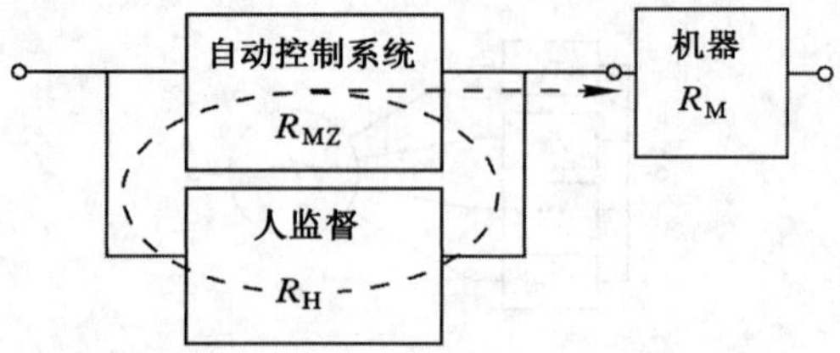

图 1-12　自动控制的冗余人机系统

八、提高人机系统可靠性的途径

提高人机系统可靠性，建立高效可靠的人机系统对提高生产率和保障安全都具有重要意义，提高人机系统的可靠性可以从以下方面着手。

1. 合理进行人机功能分配，建立高效可靠的人机匹配系统

（1）通过人机特性比较，合理进行人机功能分配。

（2）系统部件等宜选用并联组装，形成冗余的人机系统。

（3）系统运行时应设置纠错装置，防止错误操作。

（4）系统运行时其运行频率应适度，实现机器适应人。

（5）经过上岗前严格培训与考核，允许具有进入"稳定工作期"，可靠度高的人上岗操作，实现人配合机器。

2. 减少人为失误

（1）使操作者的意识水平处于良好状态。

（2）建立合理可行的安全规章制度与规范，并严格执行，以约束不按操作规程操作的人员的行为。

（3）安全教育和安全训练是消除人的不安全行为的最基本措施。

（4）按照人的生理特点安排工作。

（5）减少单调作业，克服单调作业导致人的失误。

3. 产品进行可靠性设计

（1）确定零部件合理的安全系数。

（2）进行合理的冗余设计。

（3）耐环境设计。

（4）简单化和标准化设计。

（5）结构安全设计。

（6）安全装置设计。

（7）结合部的可靠性及其结合面的设计。

（8）维修性设计。

4. 加强机械设备的维护保养

（1）机械设备的维护保养要制度化、规范化。

（2）维护保养要分级分类进行。操作者、班组、车间、厂部应分级分工负责，各尽其职。

（3）机械设备在达到原设计规定使用期时，即接近或达到固有寿命期，应予以更换，不得超期带病"服役"。

5. 改善作业环境

（1）安全设施与环境保护措施应与主体工程同时设计、同时施工、同时投产。从本质上做到安全可靠。

（2）环境的好坏，影响人的身心健康，影响产品质量，甚至腐蚀损坏设备，诱发事故。因此对作业环境有害物应定期检测，及时治理，如果工人在此"花园式工厂、宾馆式车间"中生产，不仅能够保障安全生产，保障工人身心健康，还能够提高产品质量。

复习思考题

（一）知识性习题

（1）名词解释：可靠性、可靠度、不可靠度。

（2）简述人机特性比较，简述人机功能匹配的原则。

（3）简述人的可靠性、机的可靠性。

（4）系统可靠性的计算方法，提高系统可靠性的途径。

（二）研究性习题

（1）查阅某型号指针式万用电表的有关资料，利用人机功能匹配的学科思想分析其中包含的匹配。

（2）波波沙冲锋枪由原苏联著名轻武器设计师斯帕金设计，也是二战名枪，其在二战中屡建奇功，也是因为结构简单，性能可靠。查阅波波沙冲锋枪的有关资料，分析其中包含的人机学思想，并分析其可靠性。

第二章　显示器与人的感知特性匹配

☞ 教学目标

1. 知道人的感觉和知觉特性，掌握感受性、感觉阈限、视角、视距、视野、错觉、适应、听阈、掩蔽效应、人的反应时间等概念；

2. 了解影响人的反应时间特点的因素，知道减小反应时间的途径；

3. 了解人的视觉有关知识，知道人的视觉运动规律；

4. 了解人的听觉、运动觉、触压觉、嗅觉、味觉等有关知识；

5. 知道显示器分类及功能、视觉显示方式的选择原则；

6. 掌握刻度盘指针式显示器、信号装置、语言传示装置以及仪表盘的设计方法。

☞ 教学的重点、难点

1. 教学重点：感觉、知觉、感受性、感觉阈限、视角、视距、视野、错觉、适应、听阈、掩蔽效应、人的反应时间、显示器分类、指针式显示器的设计、信号装置设计、听觉传示装置设计；

2. 教学难点：感觉、知觉、感觉阈、人的反应时间、掩蔽效应、刻度盘指针式显示器的设计、语言传示装置的设计。

第一节　人的感知与反应

一、感觉与知觉的特性

感觉是人脑对直接作用于感觉器官（眼、耳、鼻、舌、身）的客观事物个别属性的反映，是感觉器官受到外界光波、声波、气味、温度、硬度等物理与化学刺激作用而得到的主观经验。例如，人们从自身周围的客观世界中看到颜色、听到声音、嗅到气味、尝到味道、触之软硬等都是感觉。

知觉则是人对事物的各个属性、各个部分及其相互关系整体的综合反映。例如，对于西瓜，大家并不是孤立地感觉到它的各种个别属性，如颜色、大小、光滑程度、形状等，而是在此基础上结合自己过去的有关知识和经验，将各种属性综合成为一个有机的整体——西瓜，从而在头脑中反映出来。这就是知觉。

感觉和知觉都是人脑对当前客观事物的直接反映，但二者又是有区别的。感觉反映的是客观事物的个别属性，知觉反映的是客观事物的整体属性。在一般情况下，感觉和知觉又是密不可分的。感觉是知觉的基础，没有感觉，也就不可能有知觉。对事物个别属性反映的感觉越丰富，对事物整体反映的知觉就越完整、越正确。在生产中感觉越敏锐，就为减少事故的发生、确保安全生产奠定了基础。同时，由于客观事物的个别属性和事物的整体总是紧密相连的，因此在实际生活中，人们很少产生单纯的感觉，而总是以直接的形式反映客观事物。例如，当你走在公路上时，后面来了汽车，汽车的马达声和喇叭声会传入你的耳朵，从而使你感觉到声音，做出汽车来了的反应而立即让路；又如，车床上的螺丝松动，会使车工感觉到它在跳动或发出振动的声音，车工就会做出螺丝松动的反应，并立即做出拧紧螺丝的决定。正因为如此，人们通常把感觉和知觉综合起来称为“感知”。人的感知反应过程是：通过各种感受器官（感受器）接受外部信息（各种刺激），经过神经中枢进行分析，判断并做出决定，再下达给运动器官（执行器），以改变事物或被操作对象原来的状态。人的感知反应过程示意图如前图 1-1 所示。

二、感觉的基本特征

感觉可以说是一切知识的源泉，是人们认识世界获得信息的门户，也是各种复杂的高级心理过程（例如，记忆、思维、想象、情感）的基础。在生产过程中，培养和发挥人们的感知能力，对减少和防止事故的发生具有十分重要的意义。

感受器是指分布在体表或各种组织内部的能够感受机体内外变化的一种组织或器官。感觉器官是机体内的感受器，例如，视觉器官、听觉器官、前庭器官等。传统上把与眼、耳、鼻、舌、肤、平衡有关的器官称为感觉器官。

机体生活在不断变化的外部条件中，受到各种外界因素的作用，其中能被肌体感受的外界变化叫做刺激。每种感受器官都有其对刺激的最敏感的能量形式，这种刺激称为该感受器的适宜刺激。当适宜刺激作用于该感受器，只需很小的刺激能量就能引起感受器兴奋。对于非适宜刺激则需要较大的刺激能量。人体主要感觉器官的适宜刺激及其识别外界的特征见表 2-1。

表 2-1　　人体主要感觉器官的适宜刺激及其识别外界的特征

感觉类型	感觉器官	适宜刺激	刺激起源	识别外界的特征	作用
视觉	眼	可见光	外部	色彩、明暗、形状、大小、位置、远近、运动方向等	鉴别
听觉	耳	一定频率范围的声波	外部	声音的强弱、高低，声源的方向和位置	报警、联络
嗅觉	鼻腔顶部嗅细胞	挥发的和飞散的物质	外部	香、臭、辣等挥发物的性质	报警、鉴别
味觉	舌面上的味蕾	被唾液溶解的物质	接触表面	甜、酸、苦、咸、辣等	鉴别
皮肤感觉	皮肤及皮下组织	物理和化学物质对皮肤的作用	直接和间接接触	触觉、痛觉、温度觉和压觉	报警
深部感觉	机体神经及关节	物质对机体的作用	外部和内部	撞击、重力、姿势等	报警
平衡感觉	前庭器官	运动刺激和位置变化	内部和外部	旋转运动、直线运动和摆动等	调整

人的各种感觉有如下基本特征：

(1) 人的各种感受器都有一定的感受性和感觉阈限。感受性是指有机体对适宜刺激的感觉能力，它以感觉阈限来度量。所谓感觉阈限，是指刚好能引起某种感觉的刺激值。感受性与感觉阈限成反比，感觉阈限越低，感觉越敏锐。

感觉阈限分为绝对感觉阈限和差别感觉阈限。绝对感觉阈限又分上限与下限。下限为刚刚能引起某种感觉的最小刺激值；上限为仍能产生某种感觉的最大刺激值。例如，声音频率低到某一点或高过某一点时就听不到了，这两点便分别称为下限或上限。差别感觉阈限，是指刚刚引起差别感觉的两个同类刺激间的最小差异量。并不是任何刺激量的变化都能引起有机体的差别感觉的，例如，在 100 g 质量的物体上再加上 1 g，任何人都觉察不出质量的变化；至少需要在 100 g 质量中再增减 3～4 g，人们才能觉察出质量的变化。增减的 3～4 g，就是质量的差别感觉阈限。这一指标对某些机器操作者非常重要，所谓操作者的"手感"，就是人的差别感受性能在生产实际中的应用。

(2) 从人的感觉阈限来看，刺激本身必须达到一定强度才能对感受器官发生作用。但是如果刺激超过一定强度(最大阈限)时，刺激不仅无效，还会引起不适或痛觉，甚至产生不能复原的损伤。人体主要感觉阈限见表 2-2。

表 2-2　　人体主要感觉的感觉阈限值

感觉	感觉阈限	
	最低限(刺激阈)	最高限(痛阈)
视觉	$(2.2\sim5.7)\times10^{-17}$ J	$(2.2\sim5.7)\times10^{-8}$ J
听觉	1×10^{-12} J/m^2	1×10^{-2} J/m^2
触压觉	2.6×10^{-9} J	
振动觉	振幅 2.5×10^{-4} mm	
嗅觉	2×10^{-7} kg/m^3	
温度觉	6.28×10^{-9} (kg·J)/(m^2·s)	9.13×10^{-6} (kg·J)/(m^2·s)
味觉	4×10^{-7}(硫酸试剂物质的量浓度)	
角加速度	2.1×10^{-3} rad/s^2	
直线加速度	0.784 m/s^2	49～78 m/s^2

(3) 一种感受器官只能接受一种刺激和识别某一种特征，如眼睛只接受光刺激，耳朵只接受声刺激。人的感觉印象 80%来自眼睛，14%来自耳朵，6%来自其他器官。如果同时使用视觉和听觉，则感觉印象保持的时间较长。

(4) 对感觉器官持续刺激，假若刺激强度固定，则作用时间的长短将决定该刺激是否能引起反应，时间过短不能引起反应，时间过长，反应会逐渐减小，以致消失。这一特性称为感觉适应性。例如，嗅觉经过连续刺激后，就不再产生兴奋作用。所谓"久居兰室而不闻其香"就是这个原因。

(5) 在一定条件下，感觉器官对其适宜刺激的感受能力受到其他刺激干扰而降低，这一特性称为感觉的相互作用。如果同时输入多种视觉信息，人们往往倾向于注意一个而忽视其他信息。如果同时输入的是两个强度相同的听觉信息，则对要听的那个信息的辨别能力将下降50%,并且只能辨别最先输入的或是强度较大的信息。当听觉与视觉信息同时输入,听觉信息对视觉信息的干扰较大,而视觉信息对听觉信息的干扰较小。

三、知觉的基本特征

人的知觉一般分为空间知觉、时间知觉、运动知觉与社会知觉等。它们有如下共同特征:

(一)知觉的整体性

知觉对象一般由许多部分组成,各部分有不同的属性与特征。人们由于具有一定的知识经验,加上某些思维习惯,总是把对象感知为一个统一的整体,而并不是把对象的各部分感知为个别的、孤立的东西。如图2-1所示,我们并不把右图感知为孤立的四条直线,而从一开始就看成是一个正方形;左图也不会看成是虚线组合,而会看成是一个圆。又如,我们看到一部机器时,它的形状、大小、颜色等特征总是一起被我们的视觉感知,首先感知一个初步的整体印象,然后才去注意它的细部。

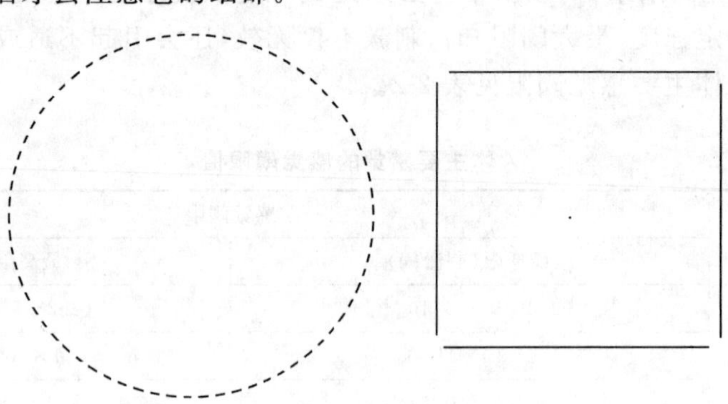

图2-1 知觉的整体性

(二)知觉的理解性

人们往往根据自己过去获得的知识和经验去理解和感知现实的对象。2008北京申奥标志如图2-2所示,可以认为它是一幅人体像。

(三)知觉的选择性

人们对来自纷繁世界的各种刺激不可能同时全部反映,而总是有选择地把少数刺激物作为知觉的对象,并把它们组成一个整体,对它们的知觉格外清晰,而对同时起作用的其余刺激物的反映则模糊笼统。知觉的这种特性称为知觉的选择性。被选出的形成清晰知觉的事物称为知觉对象,而其他事物与背景,会因为知觉的选择性而相互变动。图2-3为一个对象和背景转换双关图,当我们以黑色为背景时,可看出是两个白色侧面人像,如果以白色为背景时,则会看成是一个黑色花瓶。

(四)知觉的恒常性

当知觉的客观条件在一定范围内改变时,知觉印象仍然保持相对的稳定性。例如,阳光下煤块的反射率要比黄昏时粉笔的反射率高,然而,人们仍然把粉笔看成白的,把煤块看成黑的,不会依反光率的高低而颠倒黑白。这一知觉特性使人们能够全面、真实、稳定地反映客观事物。

图 2-2　知觉的理解性

图 2-3　对象和背景转换双关图

四、人的反应

（一）反应时间

人们在操作机械或观察识别事物时，从开始操作、观察、识别到采取动作，存在一个感知时间过程，即存在一个反应时间问题。

反应时间是指人从机械或外界获得信息，经过大脑加工分析发出指令到运动器官开始执行动作所需的时间。即反应时间包括感觉反应时间（从信息开始刺激到感觉器官有感觉所用时间）到开始动作所用时间（信息加工、决策、发令开始执行所用时间）之和。

（二）反应时间的特点及影响因素

（1）反应时间随感觉通道的不同而异。例如，视觉的反应时间为 0.188～0.206 s，而听觉为 0.115～0.182 s。

（2）反应时间随执行动作的运动器官不同而异。例如，左手的反应时间约为 0.174 s，而右手约为 0.144 s；右脚的反应时间约为 0.174 s，而左脚约为 0.179 s。

（3）反应时间随刺激的数目不同而异。例如，一种刺激反应时间约为 0.187 s，两种刺激约为 0.316 s，三种刺激约为 0.364 s 等。

（4）反应时间随刺激性质不同而异。例如，手抓一次物体用的最少时间为 0.07～0.22 s；脚直线动作一次用时约 0.36 s 等。

（5）反应时间随刺激方式及刺激强度不同而异。例如，声音刺激时间约为 0.142 s，光刺激时间约为 0.176 s，光和声同时刺激时间约为 0.142 s，光、声和电击刺激时间约为 0.127 s，对中等强度声音刺激开始时间约为 0.119 s，而对刺激中止时间约为 0.121 s，弱强度声音对刺激开始时间约为 0.184 s，而对刺激中止时间约为 0.183 s，强光对刺激开始时间约为0.162 s，而刺激中止时间约为 0.167 s，弱光对刺激开始时间约为 0.205 s，而对刺激中止时间约为 0.203 s。

（6）反应时间随机体状况不同而异。例如，随光照的适应水平不同而异，随预备时间的长短而异，随肌肉张力不同而异等。

此外，反应时间还与操作器及显示器的情况有关。例如，操作器与显示器的形状、大小、位置及操作器的用力方向、大小等均会影响反应时间。

由于人的心理因素的限制，人对刺激的反应速度是有限的。一般条件下，反应时间为0.1～0.5 s。对于复杂的选择反应时间达1～3 s，而要进行复杂判断和认识的反应时间平均达3～5 s。具体的带有判别的反应时间 t 可用下式求得：$t=k\log_2^{(n+1)}$。式中，k 为常数；n 为等概率出现的选择对象数。

为了保证安全作业，一方面在机器设计中应使操作速度低于人的反应速度，另一方面应设法提高人的反应速度。

（三）减少反应时间的途径

一般来说，机器设备的情况、信息的强弱和信息状况等外界重要条件是影响反应时间的重要因素；而机器的外观造型和操作机构是否适宜人的操作要求，以及操作者的生物力学特性等，则是直接影响动作时间的重要因素。

(1) 合理地选择感知类型。比较各类感觉的反应时间，发现听觉和知觉反应时间最短，为0.1～0.2 s，其次是触觉和视觉。所以在设计各类机器时，应根据操作控制情况，合理选择感觉通道，尽量选用反应时间短的感觉通道去控制和调节机器。

(2) 适合人的生理心理要求，按人机工程学原则设计机器。

(3) 作业者操作技术的熟练程度直接影响反应速度，应通过训练来提高人的反应速度。

第二节　人体主要感知特性

一、视觉特征

（一）人眼的构造

机体从外界获得的信息中80%以上来自视觉，因此，在感觉器官中视觉占有重要地位。视觉是由眼、视神经和视觉中枢共同完成的，眼是视觉的感受器官，眼球解剖结构如图2-4所示。眼球是一个直径大约23 mm 的球状体，眼球的正前方有玻璃体和一层透明组织叫角膜。光线从角膜和玻璃体进入眼内，视觉的屈光能力主要是靠角膜的弯曲形状形成的。眼球外层的其余部分是不透明的虹膜。虹膜在角膜的后面，与睫状肌相连接。虹膜中央有一圆孔，叫瞳孔。瞳孔借虹膜的扩瞳肌和缩瞳肌的作用能够扩大和缩小。瞳孔后面是晶体。睫状肌控制晶体的薄厚变化，以改变屈光率。视网膜位于眼球后部的内层，是眼睛的感光部分，有视觉感光细胞——锥体细胞与杆体细胞。视网膜中央密集着大量的锥体细胞，呈黄色，叫黄斑。黄斑中央有一小凹，叫中央窝，它具有最敏锐的视觉。在视网膜中央窝大约3°视角范围内只有锥体细胞，几乎没有杆体细胞。在黄斑以外杆体细胞数量增多，而锥体细胞大量减少。视网膜中央锥体细胞的数量决定了视觉的敏锐程度，视网膜边缘的杆体细胞主要在黑暗条件下起作用，同时还负责察觉物体的运动。

（二）视觉的基本参数

来自物体的光线通过角膜、玻璃体、瞳孔、晶体，聚焦在视网膜的中央窝。视网膜的锥体细胞及杆体细胞接受光刺激，转换为神经冲动，经由视神经传导到各视觉中枢。图2-5为人的视觉系统。

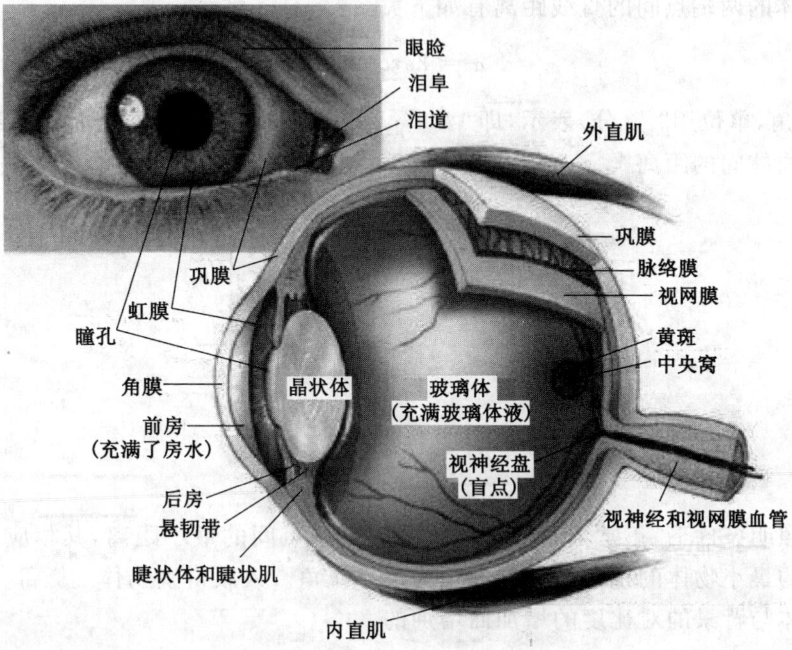

图 2-4　眼球解剖结构示意图

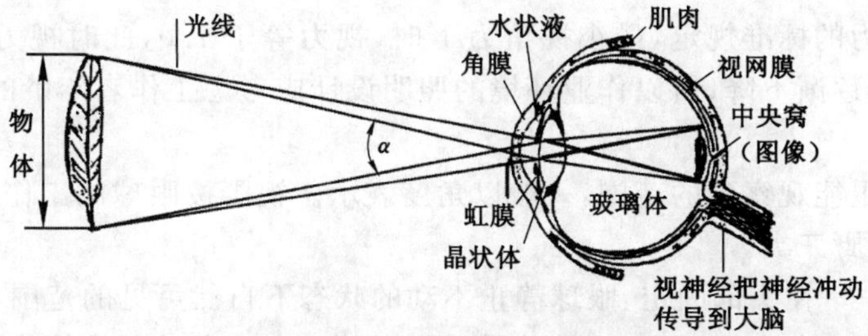

图 2-5　人的视觉系统

1. 波长和强度效应

视觉是由电磁波刺激人眼视网膜细胞时引起的。人眼所能感受到的电磁波长为 380～780 nm,这个波长范围的光称为可见光。波长大于 780 nm 的红外线、无线电波,或波长小于 380 nm 的紫外线、X 射线等都不能引起人眼的视觉反应。一般光源都包含多种波长的电磁波,称为多色光。将不同波长的光混合起来,可以产生各种不同颜色,所有不同波长的可见光混合起来则产生白色。人眼可分辨的光色约有 120 多种。

所谓强度效应是指光的刺激强度,只有达到一定数量才能引起视感觉的特性。因此,可见光不仅可以用波长来表示,也可以用强度来表示。光的强度可用照射在某平面上的光通量,即照度来表示,其单位是 lx(勒克斯)。人的眼睛对不同强度的光具有很广的感受能力,从暗房内几个勒克斯的光到室外中午达 10 000 lx 的阳光均能感受到。

2. 视角

视角是由瞳孔中心到被观察物体两端所张开的角度,如图 2-6 所示。视角与观察距离及被观察物体的两端点间的直线距离有如下关系：

$$\alpha = 2\arctan\frac{D}{2L} \tag{2-1}$$

式中，α 为视角，单位用“′”(分)表示，即 1/60°；D 为被观察物体两端点间的直线距离；L 为眼睛至被观察物体间的距离。

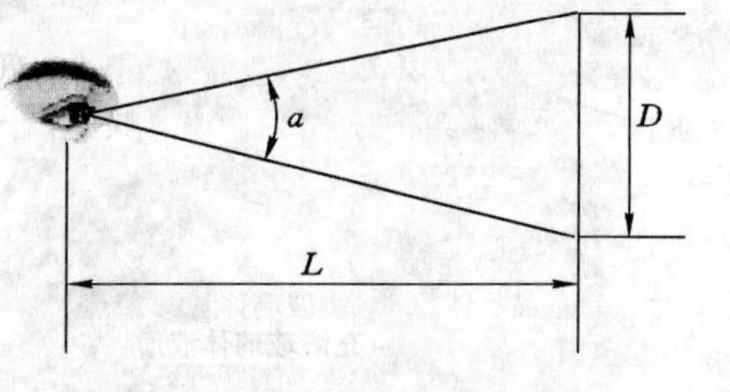

图 2-6　视角

在一般照明条件下，正常人眼能辨别 5 m 远处两点间的最小距离，其相应的视角为 1′，即能够分辨的最小物体的视角定义该视角为最小视角。人眼辨别物体细微部分的能力是随着照度及物体与背景的对比度的增加而增加的。

3. 视力

视力是表征人眼对物体细部识别能力的一个生理尺度，以最小视角的倒数表示：

视力＝1′/最小视角

检查人眼视力的标准规定，最小视角为 1′时，视力等于 1.0，此时视力为正常。随着年龄的增加，视力会逐渐下降，所以作业环境的照明设计应考虑工作者年龄的特点。

4. 视野

视野是指人眼能观察到的范围，一般以角度表示。视野按眼球的工作状态可分为：静视野、注视野和动视野三类。

(1) 静视野——在头部固定、眼球静止不动的状态下自然可见的范围，如图 2-7 所示。

(2) 注视野——在头部固定，而转动眼球注视某一中心点时所见的范围。

(3) 动视野——头部固定而自由转动眼球时的可见范围。

在人的三种视野中，注视野范围最小，动视野范围最大。

人机工程中，一般以静视野为依据设计视觉显示器等有关部件，以减少人眼的疲劳。图 2-7(a)为人眼上下静视野的最大范围，以视水平线为准，最大仰角为 50°，最大俯角为 75°，在该垂直面内的静视野最大范围角度为 125°。图 2-7(b)为人眼左右静视野的最大范围。就单眼而言，以视中心线为准，向内侧为 60°，向外侧为 100°，在该水平面内双眼总的最大视野是 200°。

在视野边缘上，人只能模糊地看到有无物体存在，但辨不清其详细形状。能够清楚辨认物体形状的视野为有效视野。静视野的有效视野是以视中心线为轴，上 30°，下 40°，左右各为 15°～20°，其中在中心 3°以内为最佳视野区。

人眼在不同颜色刺激下的色觉视野是不同的，称为色觉视野。人眼对白色视野最大，对黄、蓝、红色依次减小，而对绿色视野最小。

5. 视距

视距是指人在控制系统中正常的观察距离。观察各种显示仪表时，若视距过远或过近，

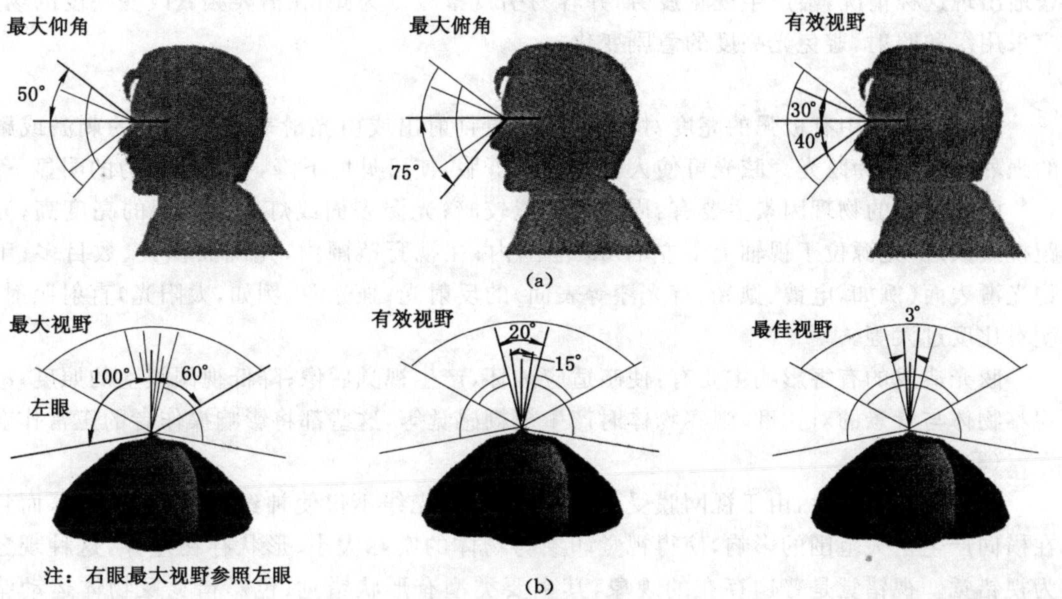

图 2-7　视野

(a) 人眼上下静视野的最大范围；(b) 人眼左右静视野的最大范围

对认读速度和准确性都不利，一般应根据观察物体的大小和形状在 380～760 mm 之间选择最佳视距。

6. 色觉

色觉是一种复杂的生理心理现象。人们能感受到各种不同的颜色，是由于可见光中不同波长的光线作用于人眼视网膜上，并在大脑中引起主观印象的缘故。

一种颜色可以由一种波长光线作用而引起，例如，红、绿、蓝等，称为原色；也可由两种或多种波长的光线混合作用而引起，由红、绿、蓝三原色适当混合，可以构成光谱上任何一种颜色。

（三）视觉特征

1. 常见的几种视觉现象

由于生理、心理及各种光、形、色等因素的影响，人在视觉过程中，会产生适应、眩光、视错觉等现象。这些现象在人机工程学设计中有的可以利用，有的则应避免。

(1) 暗适应和明适应

人眼对光亮变化的顺应性，称为适应，适应有暗适应和明适应两种。

暗适应是指人从光亮处进入黑暗处时，开始时一切都看不见，需要经过一定时间以后才能逐渐看清所视物的轮廓。因为在这个过程中，瞳孔逐渐放大，光通量是增加的，使进入眼中的光线随之增加，提高了眼的感受性，从而能看清所视物的轮廓。暗适应的过渡时间较长，约需要 30 min 才能基本适应，完全适应大约需要 1 h。

明适应是指人从暗处进入亮处时，能够看清所视物的适应过程，这个过渡时间很短，在最初的 30 s 内进行很快，1～2 min 就能基本上完成。

人在明暗急剧变化的环境中工作，会因受适应性的限制，使视力出现短暂的下降，若频繁地出现这种情况，会产生视觉疲劳，并容易引发事故。为此，在需要频繁改变亮度的场所，应采用缓和照射，避免光亮度的急剧变化。

(2) 眩光

当人的视野中有极强的亮度对比时，由光源直射出或由光滑表面反射出的刺激或耀眼的强烈光线，称为眩光。眩光可使人眼感到不舒服，使可见度下降，并引起视力的明显下降。

引起眩光的物理因素主要有：周围的环境较暗；光源表面或灯光反射面的亮度高；光源距视线太近；光源位于视轴上下左右 30°范围内；在视野范围内，光源面积大、数目多；工作物光滑表面（例如，电镀、抛光、有光漆等表面）的反射光；强光源（例如，太阳光）直射照射；亮度对比度过大等。

眩光造成的有害影响主要有：使暗适应破坏，产生视觉后像；降低视网膜上的照度；减弱观察物体与背景的对比度；观察物体时产生模糊感觉等，这些都将影响操作者的正常作业。

(3) 视错觉

人在观察物体时，由于视网膜受到光线的刺激，光线不仅使神经系统产生反应，而且会在横向产生扩大范围的影响，使得视觉印象与物体的实际大小、形状存在差异，这种现象称为视错觉。视错觉是普遍存在的现象，其主要类型有形状错觉、色彩错觉及物体运动错觉等。其中，常见的形状错觉有长短错觉、方向错觉、对比错觉、大小错觉、远近错觉及透视错觉等；常见的色彩错觉有对比错觉、大小错觉、温度错觉、距离错觉及疲劳错觉等，如图 2-8 所示。在工程设计时，为使设计达到预期的效果，应考虑视错觉的影响。

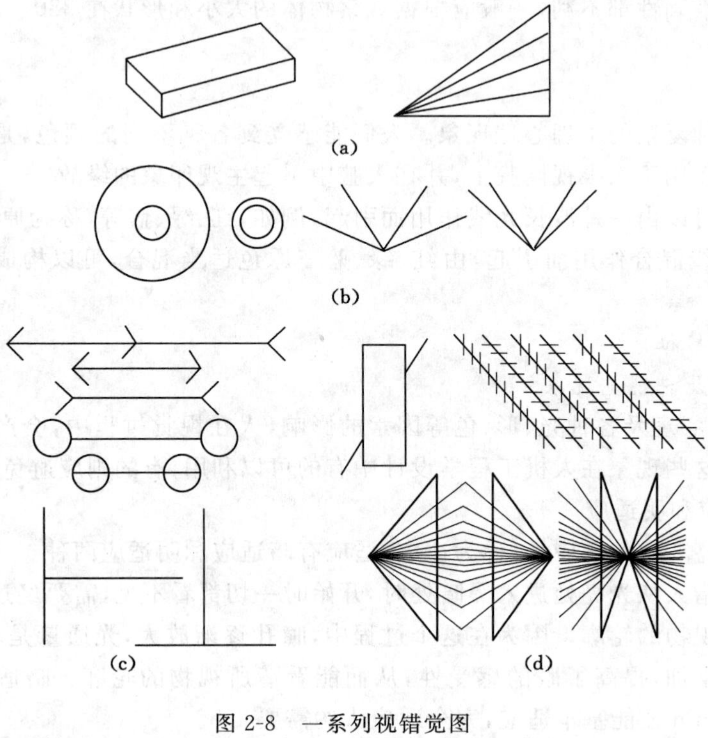

图 2-8 一系列视错觉图

(a) 透视错觉；(b) 对比错觉；(c) 长短错觉；(d) 方向错觉

2. 视觉的运动规律

人们在观察物体时，视线的移动对看清和看准物体有一定规律，掌握这些规律，有利于在工程设计中满足人机工程学的设计要求。

(1) 眼睛的水平运动比垂直运动快，即先看到水平方向的东西，后看到垂直方向的东西。所以，一般机器的外形常设计成横向长方形。

(2) 视线运动的顺序习惯于从左到右，从上到下，顺时针进行。

(3) 对物体水平方向尺寸和比例的估计比垂直方向尺寸和比例的估计要准确、迅速，且不易疲劳。

(4) 当眼睛偏离视中心时，在偏离距离相同的情况下，观察率优先的顺序是左上、右上、左下、右下。

(5) 在视线突然转移的过程中，约有 3%的视觉能看清目标，其余 97%的视觉都是不真实的，所以在工作时，不应有突然转移的要求，否则会降低视觉的准确性。如需要人的视线突然转移时，也应要求慢一些才能引起视觉注意。为此，应给出一定标志，如利用箭头或颜色预先引起人的注意，以便把视线转移放慢，或者采用有节奏的结构。

(6) 对于运动目标，只有当角速度大于 1°～2°/s 时，且双眼的焦点同时集中在同一个目标上，才能鉴别其运动状态。

(7) 人眼看一个目标要得到视觉印象，最短的注视时间为 0.07～0.3 s，这里与照明的亮度有关。人眼视觉的暂停时间平均需要 0.17 s。

(8) 两眼的运动总是协调的、同步的。在正常情况下，不可能一只眼睛转动而另一只眼睛不动；在操作中一般不需要一只眼睛视物，而另一只眼睛不视物。

(9) 人眼对直线轮廓比对曲线轮廓更易于接受。

(10) 颜色对比与人眼辨色能力有一定关系。当人们从远处辨认前方的多种不同颜色时，最易于辨认的颜色顺序是红、绿、黄、白。当两种颜色相配在一起时，易于辨认的顺序是：黄底黑字、黑底白字、蓝底白字、白底黑字等。

二、听觉特征

(一) 人耳构造和听觉过程

人耳是人体中最令人惊奇的器官之一，人耳分为外耳、中耳和内耳，其结构见图 2-9。

耳廓和耳道属于外耳，耳道长度约为 25 mm，稍微弯曲，内端被外耳和中耳的分界——

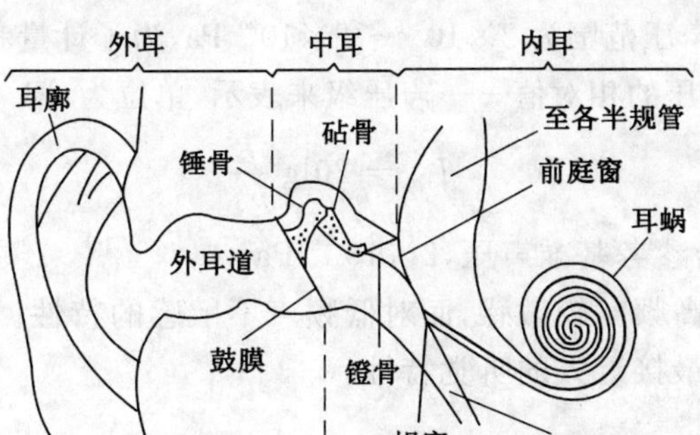

图 2-9　人耳结构图

鼓膜完全封闭。鼓膜近于圆形,极薄,其中心略凸向中耳而呈钝圆锥形。中耳是骨膜内的一个小腔,称作鼓室,鼓室中有三个彼此衔接的听小骨:锤骨、砧骨和镫骨。锤骨柄与鼓膜相连,镫骨基底则覆盖在前庭窗上。内耳由骨迷路和膜迷路组成,骨迷路在外,膜迷路在内。骨迷路内有三个彼此相连的腔体:前庭、半规管及耳蜗,耳蜗与其中包含的科蒂氏器,是将声能转换为神经兴奋的换能器。声波进入耳道以后,引起鼓膜振动,骨膜带动三个听小骨并通过它们把振动传递到中耳的前庭窗。三个听小骨在声波的传导过程中起着变量器的作用,整个听小骨系统靠韧带悬在鼓室中,镫骨肌固定在镫骨头部与砧骨的交界处。骨膜张肌则固定于锤骨柄上,这两块肌肉起着中耳调节传声作用。当受到外界很强的声波作用时,鼓膜张肌收缩使鼓膜绷紧,镫骨肌收缩从而降低镫骨运动的灵敏度。镫骨的底板靠环头韧带与前庭窗相连,中耳的整个传声系统起着阻抗匹配的作用。将声能由骨膜经放大传达到相当于鼓膜面积二十分之一的前庭窗,继而传给前庭阶的液体。传到前庭的每一个振动,都使一定量的液体从前庭向耳蜗的前庭阶移动,并使听细胞受到刺激,转化成神经脉冲,经听神经传给大脑,这就是听觉过程。

(二) 声学基础知识

1. 声波的三个基本物理量:频率、波长和声速

频率——物体每秒钟振动的次数,称为频率,用 f 表示,单位为 Hz,物体振动时发出的声音,只有频率在 20～20 000 Hz 范围内的声音人耳才能感觉到,即才能引起听觉。

波长——振动介质在一个周期内所经过的距离,称为波长,用 H 表示,单位为 m。波长与频率成反比。

声速——声波传播的速度称为声速,用 c 表示,单位为 m/s,声速 c 与频率 f 和波长 λ 的关系表示为:

$$c = \lambda f \tag{2-2}$$

声速随介质的弹性、密度、温度不同而变化。

2. 声音的度量

(1) 声音的物理度量

物体的振动有强有弱,故人耳听到的声音就有大有小,可用声压或声强来反映声音的大小。

① 声压及声压级

声波在介质中传播时会引起介质中压力的变化,介质中的压力与静压之差称为声压,用 p 表示,单位为 Pa(1 Pa=1 N/m^2)。

正常人耳可听声的声压范围为 2×10^{-5}～2×10^{20} Pa,为了计量和使用方便,及符合人的生理特点,在实践中常用声压的相对值——声压级来表示,单位为 dB。其数学表达式为:

$$L_p = 20\lg\frac{p}{p_0} \tag{2-3}$$

式中,p 为声压,Pa;p_0 为参考基准声压,2×10^{-5} Pa。

人耳的听觉具有对高频声较敏感,而对低频声不敏感的特性。声级计中的 A 计权网络测得的声压级(A 声级)最接近人的听觉特性。

② 声强及声强级

在垂直于声波传播方向上,单位时间内通过单位面积的平均声能,称为声强,用 I 表示,单位为 W/m^2。人耳可听声的声强变化范围为 10^{-12}～10^2 W/m^2。

不同于声压级，声强级的数学表达式为：

$$L_I = 10\lg \frac{I}{I_0} \tag{2-4}$$

式中，I 为声强，W/m^2；I_0 为参考基准声强，10^{-12} W/m^2。

(2) 声音的主观度量

声音给人的主观感觉，最主要的是声响的大小。一般来说，声压或声强越大，声音就越响，但并不成正比关系。而且在同声压级下，不同频率的声音，声压级同为 70 dB，人们听起来的感觉是不一样的。例如，一个是高音的，一个是低音的，但人们听起来感觉高音喇叭的声音要比低音喇叭响得多。因此，为了描述人耳对声音的主观感觉，就引出了响度和响度级主观度量指标。

响度是表示人耳对声音强弱的主观感觉量，用 N 表示，单位为 son(宋)。一个 1 000 Hz 的纯音在绝对阈限以上 40 dB 的响度定义为 1son。其他声音听起来比这一声音大几倍，就说该声音的响度为几宋。

响度级是表示声音响度的相对量，用 L_N 表示。将 1 000 Hz 纯音声压级的分贝值，定义为响度级的数值，单位为 phon(方)。响度级与响度之间的关系为：

$$L_N = 40 + 10\log_2 N \tag{2-5}$$

显然，40 phon 相当于是 1 son。响度级每增加 10 phon，响度增加 1 倍，即人的主观上感到声音要响一倍。

(三) 听觉特征

1. 听觉绝对阈限

听觉的绝对阈限是人的听觉系统感受到最弱声音和痛觉声音的强度。它与频率和声压有关。在阈限以外的声音，人耳感受性降低，以致不能产生听觉。声波刺激作用的时间对听觉阈限有重要的影响，一般识别声音所需的最短持续时间为 20～50 ms。

听觉的绝对阈限包括频率阈限、声压阈限和声强阈限。频率 20 Hz、声压 2×10^{-5} Pa、声强 10^{-12} W/m^2 的声音为听阈。低于这些值的声音不能产生听觉。而痛阈声音的频率为 20 000 Hz、声压 20 Pa、声强 10 W/m^2。人耳的可听范围就是听阈与痛阈之间的所有声音。图 2-10 为各个频率与可听最低声强及极限声强绘出的听阈、痛阈曲线。由该曲线可以得到

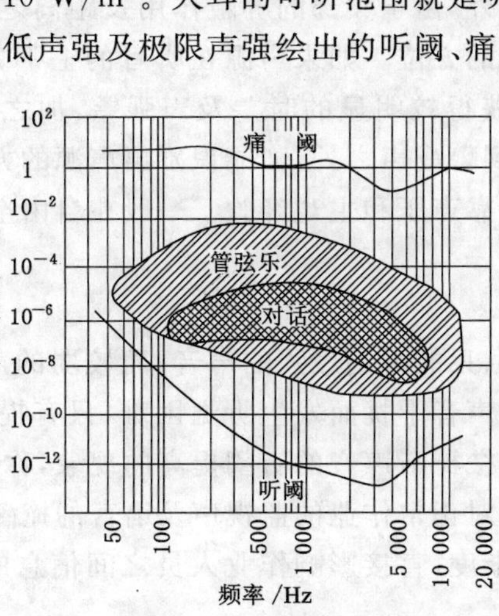

图 2-10　人的听觉阈限

以下结论：

(1) 在 800～1 500 Hz 这段频率范围内，听阈无明显变化；

(2) 低于 800 Hz 时，可听响度随着频率的降低而明显减小；

(3) 在 3 000～4 000 Hz 之间达到最大听觉灵敏度，在该频率范围内灵敏度高达标准的 10 倍；

(4) 超过 6 000 Hz 灵敏度再次下降，大约在 17 000 Hz 时，减至标准值的 1/10；

(5) 除了 2 000～5 000 Hz 之间有一段谷值外，开始感觉疼痛的极限声强几乎与频率无关；

(6) 在 1 000 Hz 时平均听阈值为 10^{-12} W/m^2。

2. 听觉的辨别阈限

人耳具有区分不同频率和不同强度声音的能力。辨别阈限是指听觉系统能分辨出两个声音的最小差异，辨别阈限与声音的频率和强度都有关系。无论是从所响应的频率范围宽度，还是从强度的大小来看，人耳都有令人难以置信的灵敏度，人耳对频率的感觉最灵敏，常常能感觉出频率微小的变化，而对强度的感觉次之，不如对频率的感觉灵敏。不过二者都是在低频、低强度时，辨别阈限较高。另外，在频率 500 Hz 以上的声频及声强辨别阈限大体上趋于一个常数。

具有正常听力的青少年能够感觉到的频率范围为 16～20 000 Hz，一般人的最佳听觉范围是 20～20 000 Hz。人到 25 岁左右时，开始对 15 000 Hz 以上频率的灵敏度显著降低，当频率高于 15 000 Hz 时，听力开始向下移动，而且随着年龄的增长，频率感受的上限逐年连续降低。但是，对于频率小于 1 000 Hz 的低频范围，听觉灵敏度几乎不受年龄的影响。听觉的频率响应特性对听觉传示装置的设计是很重要的。

3. 辨别声音的方向和距离

正常情况下，人的两耳的听力是一致的，因此，根据声音到达两耳的强度和时间先后之差可以判断声源的方向。例如，声源在右侧时，距左耳稍远，声波到达左耳所需时间就稍长。声源与两耳间的距离每相差 1 cm，传播时间就相差 0.029 ms。这个时间差足以给判断声源的方位提供有效的信息。另外，由于头部的屏蔽作用及距离之差会使两耳感受到声强的差别，以此，同样可以判断声源的方位。如果声源在听者的上下方或前后方，就较难确定其方位。这时通过转动头部，经获得较明显的时差及声强差，加之头部转过的角度可判断其方位。在危险情况下，除了听到警戒声之外，如能识别出声源的方向，往往会避免事故发生。

判断声源的距离主要依靠声压和主观经验。一般在自由空间，距离每增加一倍，声压级将减少 6 dB。

4. 听觉的掩蔽

不同的声音传到人耳时，只能听到最强的声音，而较弱的声音就听不到了，即弱声被掩盖了。这种一个声音被其他声音干扰而发生听觉困难，只有提高该声音的强度才能产生听觉的现象称为声音的掩蔽。被掩蔽声音的听阈提高的现象，称为掩蔽效应。

工人在作业时由于噪声对正常作业的监视声及语言的掩蔽，不仅使听阈提高，加速人耳的疲劳，而且影响语言的清晰度，直接影响作业人员之间信息的正常交换，而且可能导致事故的发生。

噪声对声音的掩蔽与噪声的声压及频率有关。当噪声的声压级超过语言声压级 20～

25 dB时，语言将完全被噪声掩蔽；掩蔽声对频率与其相邻近的被掩蔽效应最大；低频对高频的掩蔽效应较大，反之则较小；掩蔽声越强，受掩蔽的频率范围也越大。另外，当噪声的频率正好在语言频率范围内(800～2 500 Hz)时，噪声对语言的影响最大。所以在设计听觉传达装置时，应尽量避免声音的掩蔽效应，以保证信息的正确交换。

应当注意到，由于人的听阈复原需要经历一段时间，掩盖声去掉以后，掩蔽效应并不立即消除，这个现象称为残余掩蔽或听觉残留，其量值可代表听觉的疲劳程度。掩盖声也称疲劳声，它对人耳刺激的时间和强度直接影响人耳的疲劳持续时间和疲劳程度，刺激越长、越强，则疲劳程度越高。

三、其他感觉及特征

(一) 嗅觉

嗅觉感受器位于鼻腔深处，主要局限于上鼻甲、中鼻甲上部的黏膜中。嗅黏膜主要由嗅细胞和支持细胞构成。嗅觉的感受器是嗅细胞，它是从中枢神经系统分化出来的双极神经细胞。嗅觉感受器可感受气体中的化学刺激，适宜刺激几乎均是挥发性的、呈气态形式的有机化合物。当有气味的空气吸进鼻腔上部时，它能使细胞受到刺激而兴奋。因此，在嗅一些不太明显的气味时，要反复用力吸气，才能产生嗅觉。嗅觉的一个明显特点是适应较快。当某种气味突然出现时，可引起明显的嗅味，但如果引起这种嗅味的物质继续存在，感觉很快减弱，大约过 1 min 后就几乎闻不到这种气味。嗅觉的适应现象，不等于嗅觉的疲劳，因为对某种气味适应之后，对其他气味仍很敏感。影响嗅觉感受性的因素有环境条件和人的生理条件。温度有助于嗅觉感受，最适宜的温度为 37～38 ℃。清洁空气中嗅觉感受性高。人在伤风感冒时，由于鼻黏膜发炎，感受性显著降低。

(二) 味觉

味觉感受器是味蕾，主要分布在舌背面、舌缘和舌尖部。舌表面覆盖一层黏膜，有许多小乳头，在乳头中包含味蕾。在口腔和咽部黏膜的表面，也有味蕾存在。每一味蕾由味觉感受器、致使细胞和基底细胞组成。感受器细胞顶端有纤毛，称为味毛。当舌表面一些水溶性物质刺激味毛，可引起感受器兴奋。人能分辨出许多种味道，这些味道由四种基本味觉组合而成。人类能辨别的四种基本味为：甜、酸、苦、咸。舌表面不同部位对不同味刺激敏感度不一样。舌尖对甜味最敏感，舌根部对苦味最敏感，舌两侧对酸味最敏感，舌两侧前部对咸味最敏感。不同物质的味道与它们的分子结构的形式有关。人或动物对苦味的敏感程度大大高于其他味道，当苦味强烈时可引起呕吐或停止进食，这是一种重要的保护防卫作用。一个味觉感受器并不只是对一种味质起反应，而是对咸、甜、苦、酸均有反应，只是幅度不同。

(三) 肤觉

肤觉是皮肤受到机械刺激作用后产生的一种感觉，肤觉感受器分布于全身体表。肤觉可分为触觉、温度觉和痛觉，很难将它们严格区分。

触觉是微弱的机械刺激触及皮肤浅层的触觉感受器而引起的；压觉是较强的机械刺激引起皮肤深层组织变形而产生的感觉。通常将上述现象称为触压觉，触觉感受器在体表各部分不同，舌尖、唇部和指尖等处较为敏感，背部、腿和手背较差。通过触觉人们可以辨别物体大小、形状、硬度、光滑度及表面机理等机械性质。

温度觉分为冷觉和热觉，皮肤温度低于 30 ℃时冷觉感受器冲动，高于 30 ℃时热觉感受器冲动，到 47 ℃为最高。

痛觉是剧烈刺激引起的，具有生物学意义，它可以导致机体的保护性反应。

（四）本体感觉

人在进行各种操作活动的同时能给出身体及四肢所在位置的信息，这种感觉称为本体感觉。本体感觉系统主要包括两个子系统，一个是平衡觉系统，其作用主要是感知身体的姿势及空间位置的变化；另一个是运动觉系统，其作用主要是感知四肢和身体不同部分的相对位置。

1. 平衡觉

平衡觉是人对自己头部位置的各种变化及身体平衡状态的感觉。平衡觉感受器位于耳前庭系统。影响平衡觉并导致失去平衡的因素有以下几点：酒、年龄、恐惧、突然的运动、热紧迫（在夏天的太阳光下工作时间太长可引起头晕）、不常有的姿势等。了解上述因素，可以有意识地加以预防，避免某些事故的发生。

2. 运动觉

运动觉是人对自己身体各部位的位置及其运动状态的一种内部感觉。运动觉涉及人体的每一个动作，人的各种操作技能的形成更是有赖于运动觉信息的反馈调节。

例如，在打字中，“自打”就是依靠来自手指等部位的运动觉信息的反馈，准确地完成一系列键入动作。在此过程中，意识的参与减少到最低限度，视觉对动作的控制也被运动觉对动作的控制所替代。在训练技巧性的工作中，运动觉系统有非常重要的地位。例如，汽车司机的右脚控制加速器和刹车，左脚控制离合器。如果有意识地让左脚去刹车，司机的下肢及脚面都会有不舒服之感。由此可见，在技巧性工作中本体感觉非常重要。

第三节　视觉显示器的设计

一、显示器分类

显示器的目的是将机器的运行状态转化为量的函数关系，然后用数值的形式定量地表达出来，或者用规定的形式定性地表示出来，提供给机器的操作管理人员。简单说，显示器是机器将信息传递给人的装置。从狭义讲，显示器是反映设备运行状态的一些仪表；从广义讲，它包括所有属于“机”的反馈装置和真实显示现象。

在人机系统中，根据操作者接受信息显示的感觉通道不同，显示器一般可分为视觉显示器、听觉显示器、触觉显示器及嗅觉显示器等。从设计的角度来看，视觉通道最为重要，它接受外界信息量可达人接受信息总量的 85％，另外 15％左右的信息量则是通过听觉、触觉、嗅觉等感觉通道获得。因此，视觉显示器设计是显示器设计的重点。

视觉显示器可以按不同的标准分类：按照显示信息方式分为模拟显示器、数字显示器和视频显示终端；按照显示信息的时间特性分为动态显示器（温度计、速度表、高度表、电视和雷达等）、静态显示器（广告牌、交通标记和各种形式的印刷符号等）；按照显示信息的精度要求分为定量显示器（速度盘、标尺）、定性显示器（红绿灯）；按照显示器的结构特点分为机电仪表显示器、电光显示器、灯光显示器；按照显示的功能分为读数用仪表、检查用仪表、警戒用仪表、追踪用仪表和调节用仪表。

二、显示器设计的基本原则

显示器设计的首要原则是功能匹配，即显示器要与接受者的感知特性匹配。其次是认读简单化，即显示器显示的信息要简单明了，接受者能够简单、迅速、准确地感知和确认该信息。

(1) 显示器所显示的信息要有较好的可觉察性、可辨性，保证接受者能迅速、准确地感知和确认。信息内容不应超过接受者的观察范围和注意能力。

(2) 显示器传递的信息数量不宜过多，特别是当次要信息过多时，会增加接受者的心理负荷。

(3) 应考虑人接受信息能力的特性，当某一种感觉通道负荷过大时，可使用另一种通道协助接受信息。多重感觉通道比单通道更容易引起注意。

(4) 同种类的信息应尽量用同样方式传递。没有特殊原因，不应采用不同的方法进行显示。

(5) 显示的信息变化时，其方向和幅度要与信息变化所带来的作用和趋向相一致。

(6) 在有多种显示器的情况下，要根据技术过程、各种信息的重要程度和使用频数来布置，重要的显示器应设在醒目的位置上。

(7) 为便于识别，在某些情况下可应用两个或两个以上的方式编码，例如，形状和颜色相结合等。

(8) 显示信息的量值应有足够的精度和可靠性。

(9) 必须保证在特定作业环境下实现显示信息的功能和作用，保证接受者有最佳的工作条件。

(10) 各个国家、地区或行业部门使用的信息编码应尽可能做到统一和标准化。

三、视觉显示器的设计

视觉显示器按其认读特征分为数字显示和模拟显示。

数字显示是指直接用数码来显示有关参数和工作状态。数字显示有机械式、数码管式、液晶式和屏幕式等。

模拟显示是指用模拟量来显示机器有关参数和状态。模拟显示最常用的有刻度盘指针式和灯光显示式。

视觉显示器按显示功能可分为：读数用仪表（用以显示机器的有关参数和状态，如汽车的时速表）、检查用仪表（用以显示系统状态参数偏离正常值的情况）、警戒用仪表（用以显示机器是处于正常区、警戒区还是危险区）、追踪用仪表（用以显示实际状态与需要达到的状态之间的差距及其变化趋势）、调节用仪表（用以显示操纵器调节的值，一般采用指针运动式或刻度盘运动式）。

（一）指针式显示器的设计

模拟显示器是用模拟量（刻度和指针）来显示机器有关参数和状态的视觉显示装置。其特点是显示的信息形象化、直观，使人对模拟值在全量程范围内所处的位置一目了然，并能给出偏差量，监控作业效果很好。由于这类显示器多是通过指针和刻度的相对位置来判读的，有时还要作内插估计，所以认读的精度和速度低于数字显示器。

模拟显示器中应用最广的是指针式显示器，例如，汽车上的车速表、氧气瓶上的压力表等。依刻度盘的形状，指针式显示器可分为圆形、弧形和直线形(见表 2-3)。

表 2-3　　指针显示器的刻度盘分类

类别	圆形指示器			弧形指示器	
刻度盘	圆形	半圆形	偏心圆形	水平弧形	竖直弧形
简图				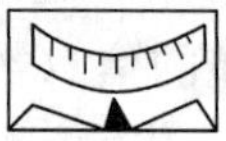	
类别	直线指示器			说　明	
刻度盘	水平直线	竖直直线	开窗式		
简图	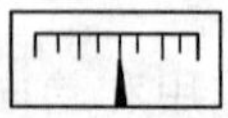	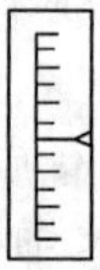		开窗式的刻度盘也可以是其他形状	

对于指针式仪表，要使人能迅速而准确地接受信息，刻度盘、指针、字符和色彩匹配的设计与选择必须适合人的生理和心理特性。分析飞行员对仪表的错误反应表明：真正由于仪表故障引起失误不到10%，不少失误是由于仪表设计不当引起的。例如，使用多针式指示仪表，表面上看似乎减少了仪表个数，实际上指针不止一个，增加了误读的可能性，其失误超过 10%。因此，设计指针式仪表时应考虑安全人机工程学的问题有：① 指针式仪表的大小与观察距离是否比例适当；② 刻度盘的形状与大小是否合理；③ 刻度盘的刻度划分、数字和字母的形状、大小以及刻度盘色彩对比是否便于监控者迅速而准确地认读；④ 根据监控者所处的位置，指针式仪表是否布置在最佳视区范围内。

1. 刻度盘的设计

(1) 刻度盘的形状。刻度盘形状的选择主要依据显示方式和人的视觉特性。实验研究表明，不同形式刻度盘的误读率不同。开窗式刻度盘优于其他形式，是因为开窗显露的刻度少、认读范围小、视线集中、认读时眼睛移动的路线也短，所以误读率低。圆形和半圆形刻度盘的认读效果优于直线形刻度盘，是因为眼睛对圆形、半圆形的扫描路线短，视线也较为集中。水平直线式刻度盘优于垂直直线式的原因，主要是水平直线形更符合眼睛的运动规律，即眼睛水平运动比垂直运动快，准确度高。

(2) 刻度盘的大小。刻度盘的大小对仪表的认读速度和精度有很大影响，且取决于盘上标记的数量和观察距离。以圆形刻度盘为例，当盘上标记数量多时，为了提高清晰度，须相应增大刻度盘。但是，这必将增加眼睛的扫描路线和仪表占用面积。而缩小刻度盘又会使标记密集不清晰，从而影响认读速度和准确度。刻度盘的最佳直径与监控者的视角有关，实验表明，最佳视角为 2.5°～5°。因此，由最佳直径和最佳视角便可确定最佳视距，或已知视距和最佳视角便可推算出仪表刻度盘的最佳直径。怀特(W. J. White)等人对圆形刻度盘最优直径做过实验，将仪表安装在仪表盘上，然后测试反应速度和误读率。结果表明，圆形刻度盘的最优直径是 44 mm(见表 2-4)。关于圆形刻度盘的直径、观察距离和标记数量的推荐值请参见表 2-5。

表 2-4　　认读速度和准确度与直径大小的关系(视距 750 mm)

刻度盘直径/mm	观察时间/s	平均反应时间/s	读错率/%
25	0.82	0.76	6
44	0.72	0.72	4
70	0.75	5.73	12

表 2-5　　观察距离和标记数量与刻度盘直径的关系

刻度标记的数量	刻度盘的最小允许直径/mm	
	观察距离 500 mm 时	观察距离 900 mm 时
38	25.4	25.4
50	25.4	32.5
70	25.4	45.5
100	36.4	64.3
150	54.4	98.0
200	72.8	129.6
300	109.0	196.0

2. 刻度设计

认读速度、认读准确性还与刻度的大小、刻度线的类型、刻度线的宽度和刻度线的长短有关。

(1) 刻度大小。刻度盘上最小刻度线间的距离称为刻度。刻度大小可根据人眼的最小分辨能力和刻度盘的材料性质及视距而确定。人眼直接读识刻度时,刻度的最小尺寸不应小于 0.6～1 mm。当刻度小于 1 mm 时,误读率急剧增加。因此,刻度的最小尺寸一般在 1～2.5 mm 之间选取,必要时也可采用 4～8 mm。采用放大镜读数时,刻度的大小一般取 $1/X$ mm(X 为放大镜放大倍数)。

刻度线的最小值还受所用材料的限制,钢和铝的最小刻度为 1 mm,黄铜和锌白铜为0.5 mm。

(2) 刻度线类型。常见的刻度线类型有单刻度线、双刻度线和递增式刻度线(见图 2-11)。

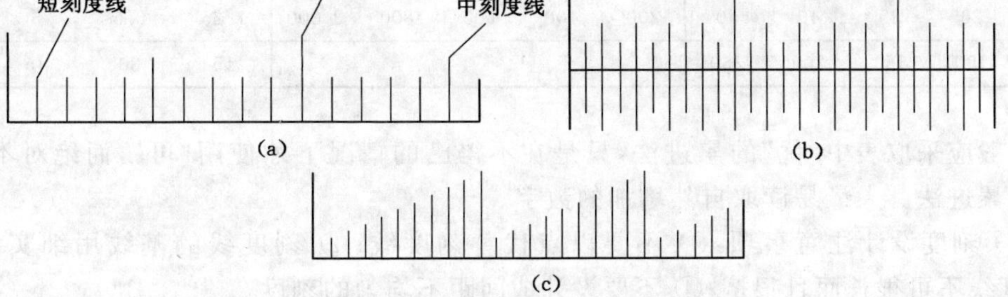

图 2-11　刻度线

(a) 单刻度线;(b) 双刻度线;(c) 递增式刻度线

递增式刻度线的形象特征可以减少认读误差。

(3) 刻度线宽度即刻度线的粗细。刻度线宽度取决于刻度大小，研究表明，当刻度线宽度为刻度的10%左右时，读数的误差最小。因此，刻度线宽度一般取刻度的5%～15%，普通刻度线通常取0.1±0.02 mm；远距离观察时，可取0.6～0.8 mm；精度高的测量刻度线取0.001 5～0.1 mm。

(4) 刻度线长度。刻度线长度选择合适与否，对认读准确性影响很大。刻度线长度受照明条件和视距的限制。当视距为 L 时，刻度线最小长度为：

$$长刻度线长度 = L/90 \tag{2-6}$$

$$中刻度线长度 = L/125 \tag{2-7}$$

$$短刻度线长度 = L/200 \tag{2-8}$$

$$刻度线间距 = L/600 \tag{2-9}$$

刻度线长度还受刻度大小的影响，不同刻度范围的刻度线长度按表2-6选取。

表2-6　　刻度线长度选择表

刻度线	刻度大小/mm							
	0.15～0.3	0.3～0.5	0.5～0.8	0.8～1.2	1.2～2	2～3	3～5	5～8
	长　度							
L_1(短)	1.0	1.2	1.5	1.8	2.0	2.5	3.0	4.0
L_2(中)	1.4	1.7	2.2	2.6	3.0	4.5	4.5	6.0
L_3(长)	1.8	2.2	2.8	3.3	4.0	6.0	6.0	8.0

(5) 刻度方向。刻度盘上刻度值的递增顺序称为刻度方向。刻度方向必须遵循视觉规律，水平直线型应从左至右，竖直直线型应从下到上，圆形刻度应按顺时针方向安排刻度值。

(6) 数字累进法。一个刻度所代表的被测值称为单位值。每一刻度线上所标度的数字的累进方法对提高判读效率、减少误读也有非常重要的作用。数字累进法的一般原则如表2-7所示，这是美国海军的研究成果。

表2-7　　数字累进法

优					可					差			
1	2	3	4	5	2	4	6	8	10	3	6	9	12
5	10	15	20	25	20	40	60	80	100	4	8	12	16
10	20	30	40	50	200	400	600	800	1 000	1.25	2.5	5	7.5
50	100	150	200	250						15	30	45	60

一般应采取表中"优"的累进法，只是在不得已的情况下才使用"可"，而绝对不能使用"差"的累进法。人最易读取自然增加的数字。

(7) 刻度设计注意事项：① 不要以点代替刻度线；② 刻度线的基线用细实线为好；③ 刻度线不可很长而且很挤；④ 不要设计成间距不均匀的刻度。

3. 字符设计

仪表刻度盘上印刻的数字、字母、汉字和一些专用的符号，统称为字符。由于刻度的功能通过字符加以完备，字符的形状、大小和立位又直接影响着认读效率，因此，字符的设计应力求能清晰地显示信息，给人以深刻的印象。

（1）字符的形体。设计字符形体时，为了使字符形体简明醒目，必须加强各字符的特有笔画，突出“形”的特征，避免字体的相似性。使用拉丁或英文字母时，一般情况下应用大写印刷体，因大写字母的印刷体比小写字母清晰，使用汉字时，最好是仿宋体字的印刷体，其笔画规整、清晰易辨。

（2）字符的大小。在刻度大小已定的条件下，为了便于认读，字符应尽量大一些。字符的高度通常取为 $L/200$，也可按下面近似公式计算：

$$H = \frac{L}{3\,600}\theta \tag{2-10}$$

式中　H——字符高度，mm；

L——视距，mm；

θ——最佳视角，(′)。

最佳视角 θ 一般由实验决定，θ 常取 $10'\sim30'$。

对于安装在仪表盘上的仪表，视距为 710 mm，其字符高度可参考表 2-8；若视距不等于 710 mm 时，需将表 2-8 所列数值乘以变化比率加以修正。

$$\text{变化比率} = \frac{\text{实际视距(mm)}}{710(\text{mm})} \tag{2-11}$$

表 2-8　　仪表盘上仪表的字符高度

字母或数据的性质	低亮度下（约 0.103 cd/m^2）	高亮度下（约 3.43 cd/m^2）
重要的（位置可变）	5.1～7.6	3.0～5.1
重要的（位置固定）	3.6～7.6	2.5～5.1
不重要的	0.2～5.1	0.2～5.1

字符的宽度与高度之比一般取 0.6～0.8，笔画宽与字高之比一般取 0.12～0.16。笔画宽与字高之比还受照明条件的影响，笔画宽与字高比值的推荐值如表 2-9 所示。

表 2-9　　不同照明条件和对比度下字符笔画粗细取值

照明和背景亮度情况	字体	笔画宽∶字高
低照度	粗	1∶5
字母与背景亮度对比较低	粗	1∶5
亮度对比大于 1∶12（白底黑字）	中粗～中	1∶6～1∶8
亮度对比大于 1∶12（黑底白字）	中～细	1∶8～1∶10
黑色字母于发光的背景上	粗	1∶5
发光字母于黑色的背景上	中～细	1∶8～1∶10
字母具有较高的亮度	极细	1∶12～1∶20
视距较大而字母较小	粗～中粗	1∶5～1∶6

（3）标度数字的原则。刻度线上标度数字应遵守以下原则：指针运动盘面固定的仪表

标度的数字应直排(正立位);盘面运动指针固定的仪表标度的数字应辐射定向安排;最小刻度可不标度数字,最大刻度必须标度数字;指针在仪表面内时,如果仪表盘面空间足够大,则数字应在刻度的外侧,以避免被指针挡住;指针在仪表外侧时,数字应标在刻度的内侧;开窗式仪表的窗口应能显示出被指出的数字及上下相邻的两个数字,标数应顺时针辐射定向安排。为了不干扰对显示信息的认读,刻度盘上除了刻度线和必要的字符外,一般不加任何附加装饰;一些说明仪表使用环境、精度的字符应安排在不显眼的地方。

4. 指针设计

指针是仪表的重要组成部分,其功能是用于指示所要显示的信息。指针的设计是否符合人的视觉特性,将直接影响仪表认读的速度和准确性。为了使监控人员能准确而迅速地获得信息,指针的大小、宽窄、长短和色彩配置等必须符合监控人员的生理与心理特性。

指针的形状要尽可能简单,指针明确、不附加装饰,应以头部尖、尾部平、中间等长或狭长三角形为好。指针尖宽度应与最短的刻度线等宽,或取刻度大小的 10^{-n}倍。如果针尖的宽度小于或大于最短刻度线宽度,当指针在刻度线上摆动时,则易产生读数误差。为了减少双眼视差和双眼视觉的不对称等因素的影响,指针与刻度盘的配合应尽量贴近。对高精度的仪表,指针与刻度盘必须装配在同一平面内。指针的长度要合适,指针过长会覆盖刻度标记,指针过短会离开刻度,从而给准确判读带来困难。一般认为指针尖距刻度 2 mm 左右为宜。

5. 仪表的颜色设计

指针式仪表的颜色设计,主要是度盘面,刻度标记和数码、字符以及指针的颜色匹配问题,它对仪表的造型设计、仪表的认读有很大影响。为了精确地判读,指针、刻度线和字符的颜色应有鲜明的对比,选择最清晰的配色,避免模糊的配色。研究表明,最清晰的搭配是黑与黄,最模糊的搭配是黑与蓝;墨绿色和淡黄色仪表面分别配上白色和黑色的刻度时,其误读率最小;而黑色和灰黄色仪表面分别配上白色刻度线时,其误读率最大,不宜采用。在实际工作中,由于黑白两种颜色的对比度较高,且符合仪表的习惯用途,常用这种搭配作为表盘和数字的颜色。

(二) 信号装置的设计

信号装置也是模拟显示器中最常见的一种。

1. 信号装置的作用

(1) 信号装置具有指示性。信号装置可以引起操纵者的注意,或指示操纵者应作某种操作。例如,汽车转向灯。再如,飞机着陆时,飞行员判断飞机的高度有困难,必须借助信号装置的显示,此时地面人员控制信号装置,使其显示飞机着陆过程中的下滑状态。

(2) 信号装置可以显示工作状态。信号装置可以反映某个指令和执行情况,某种状态,某些条件,或某种变化已执行或正在执行等。如,当计算机执行文件存储命令时,其硬盘指示灯颜色变红,且红绿变换闪烁,以此表示硬盘正在执行操作,文件存储命令完成后又回到绿灯显示的工作状态。

2. 信号装置的特点

信号装置的特点是面积小、视距远、引人注目且简单明了,但信息量有限,当信号太多时,会形成杂乱和干扰。

(1) 一种信号装置只能有一种功能,只能报告或指示一种状况,如家电面板上的电源指示灯，它只表示电源接通这一状态，警戒用的信号装置用来指示操作者注意某种不安全的因素，故障信号装置则指示某一机器或部位出了故障。

(2) 报警也可以使用听觉显示装置，声音与视觉装置并用，效果为好。

3. 信号报警的一般设计要求

要利用灯光信号来很好地显示信息，就应按人机工程学的要求来设计信号装置。信号装置设计所依据的主要原则：

(1) 为了保证信号的传递速度、质量和可靠性，信号装置和报警信号的设计必须符合视觉特征。与视觉密切相关的是信号装置的亮度（若要吸引操作者的注意，则其亮度至少 2 倍于背景的亮度，最好背景灰暗无光）、色彩（红、黄、绿、蓝）和对比度（清晰）。

(2) 信号装置一般采用单色光，颜色采用国家标准安全色：作为警戒、禁止、停顿或指示不安全情况的信号装置，最好使用红色；提请注意的信号装置用黄色；表示正常运行的信号装置用绿色。

(3) 应加强信号的刺激性，如消防车的信号装置。闪光信号较固定光信号更能引起人注意。闪光信号的强弱应视具体情况而定，例如表示重要信息或危险信号的闪光，其强度应比其他信号强。闪光信号的闪烁频率一般为 0.6～1.67 Hz，亮度对比较差时，闪光频率可稍高。较优先和较紧急的信息可使用较高的闪烁频率 10～20 Hz。此外，为了增强效果，报警信号装置可以声音与视觉装置并用。

(4) 信号装置的形象显示指用一些易于辨认的“形象性”符号。如用“→”代表方向，用“×”或“O”表示禁止，用“!”表示警觉、危险，用较快的闪光表示快速，用较慢的闪光表示慢速等。

（三）数字显示器的设计

数字显示器是直接用数码来显示有关参数或工作状态的装置，例如，各种数码显示屏，机械、电子式数字计数器，数码管等。其特点是显示简单、准确，可显示各种读数和状态的具体数值，对于需要计数或读取数值的作业来说，这类显示器有认读速度快，精度高，且不易产生视觉疲劳等优点。默雷尔等人于 1966 年用实验证明：使用带刻度的测微计时，误读率约为 33%，而使用数字式显示不但认读快，而且误读率低，后者误读率只有前者的 1/10。

数字显示器主要有机械式数字显示器和电子式数字显示器。

(1) 机械式数字显示器设计。机械式数字显示的字符变化装置常用的有两种：一种是把字符印制在卷筒上，用转动卷筒的办法变化字符显示，这种方法结构简单，但难以用检索的方法控制显示；另一种是将字符印制在可翻转的薄金属片上，这种方法使用较方便，可以准确地控制显示。不论哪种方法前后显示两组数字的时间间隔都不能少于 0.5 s，否则将无法连续认读。

机械显示器缺点是容易出现卡住或在窗口显示出上下各半个字符等现象。

(2) 电子式数字显示器设计。常用的电子显示装置有液晶显示（LCD）和发光二极管显示（LED）。

电子显示的主要问题有两个：一是因字型由直线段组成，因而失去常态的曲线，带来认读的不方便；二是各字间隔会因字的不同而变化，忽大忽小，如图 2-12 所示。

实验表明，由亮小圆点阵来构造字符（图 2-13），认读性好，使混淆的可能性大为减小。发光二极管多用于机床数显、仪器、计算机等需远距离认读或光照不很好的条件下；液晶较为经济，且光线扩散的条件下认读性也很好，多用于小型设备或近读的显示器。

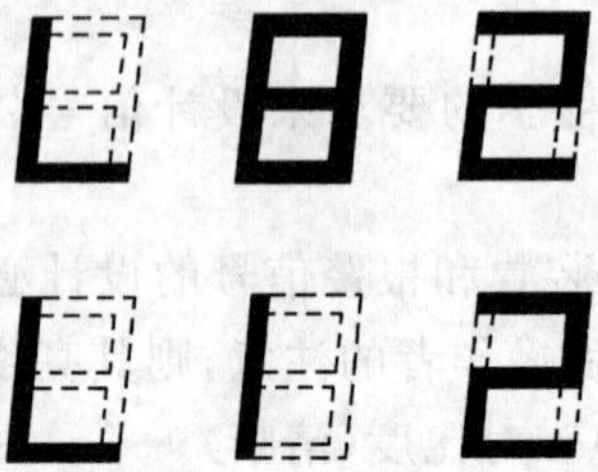

图 2-12　电子数码显示

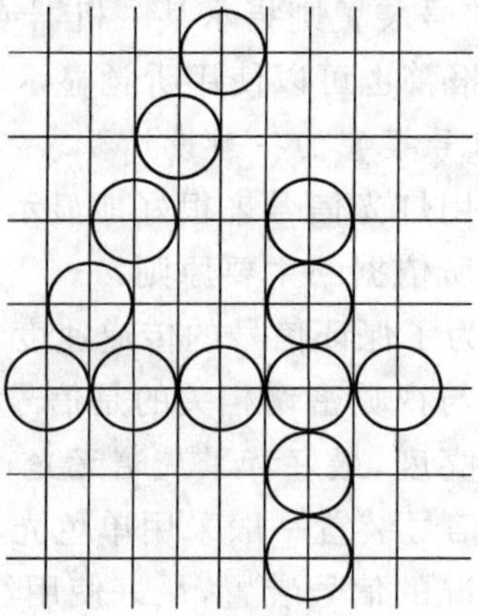

图 2-13　圆点阵显示

（四）符号标志的设计

无论模拟显示、数字显示还是视频显示，都涉及符号标志问题。符号标志是代表某一事物的内容或语义的简明或抽象的图案。图 2-14 是常见的一些符号标志。

图 2-14　符号标志

1. 符号标志的优点

首先，由于符号标志与辨认的客体有形象上的直接联系，有利于操作者迅速观察和辨认，提高操作者操作的准确性和工作效率。

其次，符号标志具有形、意、色彩等多种刺激因素，所以符号标志显示的信息量大，如汽车驾驶员既要集中注意力观察路面情况，同时也要注意驾驶室各种显示信息。这样对驾驶室内显示信息的观察时间有时只是一瞬间，也就是在这一瞬间驾驶员要了解所需信息，借助符号标志，驾驶员可以较好了解显示信息。

第三，符号标志的设计艺术性，也能提升产品的精神功能。

2. 符号标志的应用

由于符号标志认知受到本土文化的影响较少，同时随着符号标志的国际标准化，符号标志成为一种世界性语言。

实际应用的各种符号标志，不能采用人们不能接受的、过分抽象的符号标志，只能采用有利人的知觉的符号标志，以便减少知觉时间，加强对符号的记忆和提高使用者的反应速度。符号标志设置的位置应与所指示的操纵机构相对应。这样，操作者就能按符号标志所指示的内容准确而迅速地操纵机器。

3. 符号标志的评价标准

符号标志的评价标准为：识别性、注目性、视认性、可读性、联想性。其中，识别性即标志设计的可认识性，是指人们通过标志设计的视觉图形可以了解并认识其表达的企业和产品的属性和内涵。注目性是标志所应达到的视觉效果。优秀的标志应该吸引人，给人以较强烈的视觉冲击力。标志的视认性与显示程度是否良好、与标志的形状有重要关系，在外形同等面积的情况下，效果好又容易识别的顺序是：三角形，菱形，正方形，正五边形，正六边形，圆形，正八角形等。标志所传达的信息能否被公众所接受、所认同，取决于标志是否能被受众识辨和理解，这就是标志的可读性。通过具体的形象来暗示、隐喻、联想和烘托，使象征的特殊信息与标志图形产生关联，从而达到传递信息、塑造形象、沟通交流、接受认可的目的，这就是标志的联想性。

4. 影响评价标准的因素

日本按上述标准研究了路标的具体评价，发现路标的具体评价依次是：标志的识别距离、文字的识认距离、认读时间、判断时间和动作反应时间五项。其中，影响标志识别的因素：视力、天气、交通条件、环境以及标志的位置、底色、色彩、大小、照明等。影响文字识认的因素：知识、动视力、行驶速度、对方来车、明度对比、静视力、紧张程度、汽车前灯照度以及文字的种类、大小、复杂程度、与底色的对比、与标志的相配性。影响认读的因素：行驶速度、注视角度、对文字内容的关心程度以及文字的信息量、数量、地名数量、字节数、复杂性、标志位置、知识和眼力情况。影响判断的因素：身心疲劳情况、行动点、标记消失点以及选择标准、复杂性、熟练程度。影响动作反应的因素：运动能力、运动特性和汽车性能、操纵装置、操纵量。

第四节　听觉显示器的设计

在人机系统中，也利用声音这一媒介来显示、传递人与机之间的信息。所以在工业生产和日常生活中听觉显示器在仪表中也占一定位置。各种音响报警装置、扬声器和医生的听诊器均属听觉传示装置（听觉显示器），而超声探测器、水声测深器等则是声学装置，不属听觉传示装置。听觉传示装置分为两大类：一类是音响及报警装置，另一类是语言传示装置。

一、音响和报警装置的设计

1. 音响和报警装置的类型及特点

常见的音响和报警装置有蜂鸣器、铃、角笛和汽笛以及警报器。

（1）蜂鸣器。它是音响装置中声压级最低、频率也较低的装置。蜂鸣器发出的声音柔和,不会使人紧张或惊恐,适合于较宁静的环境,常配合信号装置一起使用,作为指示性听觉显示装置,提请操作者注意,或提示操作者去完成某种操作,也可用作指示某种操作正在进行。例如,汽车驾驶员在操作汽车转弯时,驾驶室的显示仪表板上就有信号装置闪亮和蜂鸣器鸣笛,显示汽车正在转弯,直至转弯结束。蜂鸣器,还可作报警器用。

(2) 铃。铃因其用途不同,其声压级和频率有较大差别。例如,电话铃声的声压级和频率只稍大于蜂鸣器,主要是在宁静的环境下让人注意;而用作指示上下班的铃声和报警器的铃声,其声压和频率就较高,可在较高强度噪声的环境中使用。

(3) 角笛和汽笛。角笛的声音有吼声(声压级 90～100 dB、低频)和尖叫声(高声强、高频)两种。常用作高噪声环境中的报警装置。汽笛声频率高,声强也高,较适合于紧急状态的音响报警装置。

(4) 警报器。警报器的声音强度大,可传播很远,频率由低到高,发出的声调富有上升和下降的变化,可以抵抗其他噪声的干扰,特别能引起人们的注意,并强制性地使人们接受。它主要用作危急状态报警,例如,防空警报、火灾报警等。

一般音响、报警装置的强度和频率参数见表 2-10,可供设计时参考。

表 2-10　一般音响显示和报警装置的强度和频率参数

<table>
<tr><th rowspan="2">使用范围</th><th rowspan="2">装置类型</th><th colspan="2">平均声压级/dB</th><th rowspan="2">可听到的
主要频率/Hz</th><th rowspan="2">应用举例</th></tr>
<tr><th>距离装置 2.5 m 处</th><th>距离装置 1 m 处</th></tr>
<tr><td rowspan="5">用于较大区域(或高噪声场所)</td><td>4 英寸铃</td><td>65～67</td><td>75～83</td><td>1 000</td><td rowspan="3">用于工厂、学校、机关上下班及报警的信号</td></tr>
<tr><td>6 英寸铃</td><td>74～83</td><td>84～94</td><td>600</td></tr>
<tr><td>10 英寸铃</td><td>85～90</td><td>95～100</td><td>300</td></tr>
<tr><td>角笛</td><td>95～100</td><td>100～110</td><td>5 000</td><td rowspan="2">用于报警</td></tr>
<tr><td>汽笛</td><td>100～110</td><td>110～121</td><td>7 000</td></tr>
<tr><td rowspan="7">用于较大区域(或低噪声场所)</td><td>低音蜂鸣器</td><td>50～60</td><td>70</td><td>200</td><td>用作指示性信号</td></tr>
<tr><td>高音蜂鸣器</td><td>60～70</td><td>70～80</td><td>400～1 000</td><td>可作报警用</td></tr>
<tr><td>1 英寸铃</td><td>60</td><td>70</td><td>1 100</td><td rowspan="5">用于提请人注意的场合,例如,电话、门铃,也可用于小范围内的报警信号,用作报时</td></tr>
<tr><td>2 英寸铃</td><td>62</td><td>72</td><td>1 000</td></tr>
<tr><td>3 英寸铃</td><td>63</td><td>73</td><td>650</td></tr>
<tr><td>钟</td><td>69</td><td>78</td><td>500～1000</td></tr>
</table>

注:1 英寸＝25.4 mm。

2. 音响和报警装置的设计原则

(1) 音响信号必须保证使位于信号接收范围内的人员能够识别并按照规定的方式作出反应。因此,音响信号的声压级最好能在一个或多个倍频程范围内超过听阈 10 dB 以上。

(2) 音响信号必须易于识别,特别是有噪声干扰时,音响信号必须能够明显地听到,并可与其他噪声和信号区别。因此,音响和报警装置的频率选择应在噪声掩蔽效应最小的范围内。例如,报警信号的频率应在 500～600 Hz。当噪声声压级超过 110 dB 时,最好不用声信号来作报警信号。

(3) 为引起人注意,可采用时间上均匀变化的脉冲声信号,其脉冲信号频率不低于

0.2 Hz和不高于 5 Hz，其脉冲持续时间和脉冲重复频率不能与随时间周期性起伏的干扰声脉冲的持续时间和脉冲重复频率重合。

(4) 报警装置最好采用变频的方式，使音调有上升和下降的变化。例如，紧急信号的音频应在 1 s 内由最高频（1 200 Hz）降低到最低频（500 Hz），然后听不见，再突然上升，以便再次从最高频降低到最低频。这种变频声可使信号变得特别刺耳，可明显地与环境噪声和其他声信号相区别。

(5) 显示重要信号的音响装置和报警装置，最好与光信号同时作用，组成“视听”双重报警信号，以防信号遗漏。

二、语言传示装置的设计

人与机之间也可用语言来传递信息。传递和显示语言信号的装置称为语言传示装置，如像麦克风这样的受话器就是语言传示装置，而扬声器就是语言显示装置。经常使用的语言传示系统有：无线电广播、电视、电话、报话器和对话器及其他录音、放音的电声装置等。

用语言作为信息载体，可使传递和显示的信号含义准确、接受迅速、信息量大，不受方向和光照的影响，缺点是易受噪声的干扰。在设计语言传示装置时应注意以下几个问题。

(1) 语言的清晰度。所谓语言的清晰度，是指人耳通过语言传达能听清的语言（音节、词或语句）的百分数。语言清晰度可用标准的语句表通过听觉显示器来测量。例如，若听清的语句或单词占总数的 20%，则该听觉传示器的语言清晰度就是 20%。对于听对和未听对的记分方法有专门的规定，此处不作论述。表 2-11 是语言清晰度（室内）与主观感觉的关系。从表中可知，设计一个语言传示装置，其语言的清晰度必须在 75%以上，才能正确传示信息。

表 2-11　语言清晰度的评价

语言清晰度/%	人的主观感觉
96	言语听觉完全满意
85～96	很满意
75～85	满意
65～75	言语可以听懂，但非常费劲
<65	不满意

(2) 语言的强度。研究表明，当语言强度接近 130 dB 时，受话者将有不舒服的感觉；当达到 135 dB 时，受话者耳中有发痒的感觉，再高便达到了痛阈，将有损耳朵的机能。因此，语言传示装置的语言强度最好在 60～80 dB。

(3) 噪声对语言传示的影响。当语言传示装置在噪声环境中工作时，噪声将影响语言传示的清晰度。研究表明，当噪声声压级大于 40 dB 时，这时噪声对语言信号有掩蔽作用，从而影响语言传示的效果。

以上介绍的视觉和听觉显示是运用最多的两种显示方式，它们各具特点，应根据实际需要选择使用。由于人的视觉能接受长的和复杂的信息，且视觉信号比听觉信号容易记录和储存，加之人对声信号的感知时间比对光信号的感知时间短，所以，听觉传示作为报警信号器和语言信号器有其特殊的价值。至于触觉传递信号的方式应用就极少了，只有在信息系统比较复杂，而视觉和听觉的负荷均比较重的场合才采用。

复习思考题

（一）知识性习题

（1）名词解释：感觉、知觉、反应时间、显示器。

（2）人主要有哪几种感觉类型？各有何特点？

（3）视错觉在什么情况下要利用？在什么情况下要避免？

（4）听觉有何特征？

（5）简述反应时间的特点及影响因素。

（6）简述减少反应时间的途径。

（7）简述数字式显示和指针式模拟显示各有什么优点。

（8）音响和报警装置的设计原则是什么？

（9）视觉显示器指针的设计原别是什么？

（二）研究性习题

观察教室内的时钟，分析数字和字符的标度是否符合人机工程学的要求。

第三章　控制器与人的运动特性匹配

☞ 教学目标

1. 了解骨骼的功能、力杠杆、关节的作用、肌肉的力学特性；

2. 知道手和脚的作用力的特点、人的作业姿势与操纵力的关系以及其对安全生产的影响；

3. 知道控制器的类型及选择方法；

4. 掌握控制器设计中应该考虑的人机因素；

5. 掌握典型控制器设计方法。

☞ 教学的重点、难点

1. 教学重点：手和脚的作用力的特点、人的作业姿势与操纵力的关系、控制器的类型及选择、控制器设计的原则和考虑因素；

2. 教学难点：手和脚的作用力的特点、人的作业姿势与操纵力的关系、控制器设计的原则和考虑因素。

第一节　人的运动特性

一、人体生物力学的一般知识

运动系统中的骨骼、关节和肌肉在神经系统支配下，使人体各部分完成一系列的运动。

（一）骨骼

1. 人体骨骼

骨骼由颅骨、躯干骨、四肢骨三部分组成，人全身有 206 块骨。骨骼是人体内部的支撑结构。

2. 人体骨骼特点

（1）在一定范围内，骨的应力-应变关系服从胡克定律。

（2）骨的密度比钢小得多，其强度也不如钢的大，但比花岗岩和洋松要高得多，具有强度高、重量轻的特点。

（3）人体各部位骨的抗压强度最大，抗弯强度次之，抗扭强度最小。这对人体负重、搬运的研究和受力设计具有特别意义。

3. 骨杠杆

人体运动中，骨骼在肌肉牵引下绕关节转动，它的原理、结构和功能与杠杆类似，因此叫骨杠杆。在骨杠杆中，关节是支点，肌肉是力源，肌肉与骨的附着点称为力点，作用于骨上的阻力的作用点称为重点（即阻力点）。

4. 人体活动中主要的骨杠杆形式

（1）平衡骨杠杆。人体支点位于重点与力点之间，类似天平秤的原理，例如，仰头和俯首运动通过寰枕关节调节头的姿势的运动。

（2）速度骨杠杆。力点在重点和支点之间，阻力臂大于力臂，例如，手执重物时肘的运动，此类杠杆的运动在人体中较常见。

（3）省力骨杠杆。此类骨杠杆的重点位于力点与支点之间，例如，足跟从地面抬起的动作即是此种杠杆的实例。

（二）关节

关节起骨间连接且能活动的作用。关节分为不动关节和动关节，不动关节如纤维性连接、软骨性连接等。动关节分为球窝关节（可向各个方向旋转，如肩关节和髋关节）、滑车关节（只能向前或向后旋转，如肘关节和指关节）、微动关节（只能允许平面间或往返的运动，如脊椎骨间关节）。

（三）人体肌肉

人体肌肉共 639 块。约由 60 亿条肌纤维组成，其中最长的肌纤维达 60 cm，最短的仅有 1 mm 左右。大块肌肉约有 2 kg 重，小块的肌肉仅有几克。一般人的肌肉占体重的35%～45%。

骨骼肌是运动系统的动力部分，分为白、红肌纤维，白肌依靠快速化学反应迅速收缩或者拉伸，红肌则依靠持续供氧运动。在神经系统的支配下，骨骼肌收缩中，牵引骨产生运动。

运动过猛或受到外力作用，使肌肉主动强烈的收缩或被动过度的拉长所造成的肌肉细微损伤或部分撕裂或完全断裂称肌肉拉伤；患神经肌肉疾病还会造成肌肉萎缩，出现骨骼肌体积缩小，严重者导致肌纤维变细或消失。

二、人体各部分的操纵力

（一）手的操纵力

手操纵力的大小与人体姿势、着力部位、用力方向和用力方式都有关系。

1. 坐姿手操纵力

左手的力量小于右手；拉力大于推力；手臂处于侧下方时，推、拉力量都较弱；手臂处于正下方时，其向上和向下的力量都较大，且向下的力量大于向上的力量。见表 3-1。

2. 立姿手操纵力

立姿时，手臂的最大拉力产生在肩的下方 180°和肩的上方 0°的方向上。同样，推力最大的方向是产生在肩的上方 0°方向上。因此，以推拉形式操作的控制装置，安装在这两个部位时将得到最大的操纵力。

3. 握力

一般人的右手握力约 380 N，左手握力约 350 N。但是，一般青年男子右手瞬时最大握力有 560 N，左手有 430 N。握力与手的姿势和持续时间有关，当持续一段时间后，握力显著下降，例如，保持 1 min 后，右手平均握力约 280 N，左手约 250 N。

表 3-1　　坐姿时手臂在不同方向上的操纵力

手臂的角度/(°)	拉力/N		推力/N	
	左手	右手	左手	右手
	向后		向前	
180	230	240	190	230
150	190	250	140	190
120	160	190	120	160
90	150	170	100	160
60	110	120	100	160
	向上		向下	
180	40	60	60	80
150	70	80	80	90
120	80	110	100	120
90	80	90	100	120
60	70	90	80	90
	向内侧		向外侧	
180	60	90	40	60
150	70	90	40	70
120	90	100	50	70
90	70	80	50	70
60	80	90	60	80

4. 拉力和推力

在站姿手臂水平向前自然伸直的情况下，男子平均瞬时拉力为 703 N，女子平均瞬时拉力为 386 N。当手作前后运动时，拉力（向后）要比推力（向前）大。瞬时最大拉力可达 1 100 N，连续操作的拉力最大约为 300 N。当手作左右方向运动，则推力大于拉力，最大的推力约为 400 N。

5. 扭力

双臂作扭转有三种不同操作姿势，直立操作时平均扭力男子为 389±130 N，女子为 204±80 N；屈身操作时平均扭力男子为 555±249 N，女子为 272±141 N；弯腰操作时平均扭力男子为 962±342 N，女子为 425±200 N。

（二）脚的操纵力

脚出力的大小，与人的姿势、脚位置和方向有关。下肢伸直时的脚力大于弯曲时的脚力，立姿时脚的出力比坐姿时大。但坐姿有靠背时，脚出力最大；一般坐姿时，右腿最大蹬力平均可达 2 620 N，左腿为 2 410 N。据测定，膝部伸展角度在 130°～150°或 160°～180°之间时，腿的蹬力为最大。在坐姿的情况下，脚的伸出力大于屈曲力。见表 3-2。图 3-1 所示为脚处于不同位置上的蹬力。

表 3-2　　脚的操纵力比较

脚别	屈曲力/N		伸出力/N	
	男	女	男	女
右脚	338	239	488	351
左脚	305	213	430	305

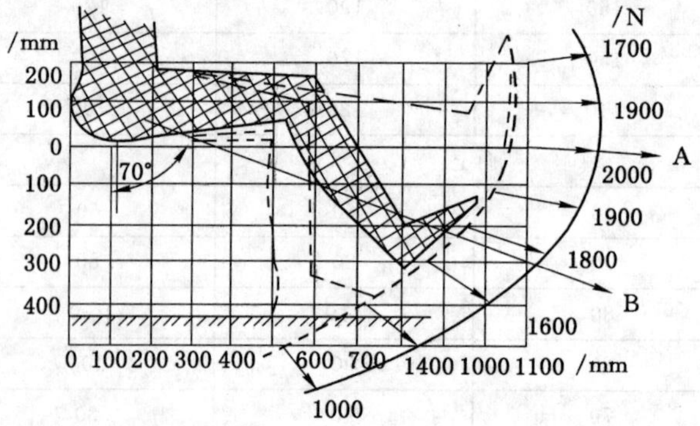

图 3-1　脚处于不同位置上的蹬力

（三）影响人体作用力的因素

1. 体重

体重对操作既有好处也有坏处，应该取其有利的一面，采取相应姿势尽量使体重发挥作用。例如，提起地上重物时，身体及头部随重物被提起而向上移动，体重提高了力的使用效率；将物体放置在地面上（向下用力），站姿比坐姿要好。

2. 体位

操作者的体位、躯干的稳定性对人体的作用力有一定影响。

（1）立位作业：可以改变姿势，活动范围大，操纵力大，易用力；但不易精细工作，不易转换操作，易疲劳，而如果适当走动，可以减轻疲劳。

（2）坐位操作：可以长时间精细工作，可以手足并用，但不易改变姿势，用力受限，工作范围局限，久坐易疲劳。

（3）躺位操作：易疲劳。

3. 个体因素

人的体力受性别、年龄、动机、人体尺寸、基因等方面的影响，还与训练程度有关。

不同性别的人的力量差别较大，同性别的人群中，强壮人的体力是瘦弱人体力的 6～8 倍；体力在 25～35 周岁达到最大值，此后随年龄增长开始下降。

三、人体运动的速度和灵活性

在控制装置设计中，不仅要考虑人体运动器官的出力大小，还应该考虑人体运动的速度和准确度。即考虑动作速度、动作频率和灵敏度。

（一）肢体的动作速度和动作频率

动作频率是指在一定时间内动作所重复的次数。

肢体的动作速度和动作频率基本取决于肌肉收缩的速度，另外动作速度还与运动轨迹有关。如表 3-3 至表 3-6 所示。

表 3-3　　人体各部位运动速度与频率限度

动作部位	动作速度或频率
手的运动/(cm/s)	35
控制操作杆位移/(cm/s)	8.8～17.0
手指敲击的最大频率/(次/s)	3～5
旋转把手或驾驶盘/(r/s)	9.42～29.46
身体转动/(次/s)	0.72～1.62
手控制的最大谐振截止频率/Hz	0.8
手的弯曲与伸直/(次/s)	1.0～1.2
脚掌与脚的运动/(次/s)	0.36～0.72

表 3-4　　动作速度、频率与运动器官的关系

动作部位		动作特点	最少平均时间/(s/次)
手	抓取	直线的	0.07
		曲线的	0.22
	旋转	克服阻力	0.72
		不克服阻力	0.22
脚		直线的	0.36
		克服阻力的	0.72
腿		直线的	0.36
		脚向侧面的	0.72～1.45
躯干		弯曲	0.72～1.62
		倾斜	1.26

表 3-5　　最大频率与运动器官的关系

动作部位	手指	手	前臂	臂	脚	腿
最大频率/(次/min)	204～406	360～430	190～392	99～344	300～378	330～406

表 3-6　　最大频率与左右手的关系

动作种类	最大频率	
	右手	左手
旋转/(r/s)	4.8	4.0
推压/(次/s)	6.7	5.3
打击/(次/s)	5～14	6.5

操作者的操作速度和频率还与操作机构的形状、大小以及持续操作时间等因素有关。由表3-7可看出，手柄长度为60 mm时，最大转动频率可达到最高。

表3-7　　操作速度、频率与操作机构的关系

手柄长度/mm	30	40	60	100	140	240	580
最大转动频率/(r/min)	26	27	27.5	25.5	23.5	18.5	14

对于动作速度，还取决于动作轨迹。为了获得最佳的动作速度和动作频率，当一只手操作时，合理轨迹应在水平面内向外60°的直线方向；两只手同时操作时，合理轨迹应在水平面内两侧分别约30°的直线方向；若用于精确调整，则以沿中轴线方向为好。

（二）人体运动速度的规律

(1) 一般人的手操作动作，右手比左手快，右手向右运动比向左运动快。

(2) 顺时针方向操作动作比逆时针方向的操作速度快，且更习惯。

(3) 水平方向的操作动作，前后运动速度比左右运动速度快，旋转运动比直线运动灵活。

(4) 垂直方向的操作动作，从上往下的运动速度比从下往上运动速度快。

(5) 向身体方向的运动比离开身体方向的运动速度快，且离开身体时的运动准确性要高。

(6) 人体躯干和肢体在水平面的运动比在垂直面的运动速度快。

（三）人体动作的灵活性

(1) 在操作时产生突然或平稳的改变方向时，圆形轨迹比直线轨迹灵活。

(2) 手向着身体动作比离开身体的动作灵活而准确，向前后往复动作比向左右往复动作的速度大。

(3) 最大动作速度与被移负载的重量成正比，而达到最大速度所需要的时间与被移动的负载成正比，动作的方向和轨迹应当满足工作动作准确性的要求。

(4) 人体较短部位的动作比较长部位的动作灵活，较轻部位的动作比较重部位的动作灵活，体积较小部位的动作比较大部位的动作灵活。

（四）人体动作设计

为了使动作速度、频率、准确性和灵活性很好地结合，人体动作设计应该遵循的10条规律：

(1) 劳动时，不论连续动作时间长短，都应在最有利的位置开始和结束。

(2) 沿曲线的、直线的或不规则轨迹的动作，都应该让操作者的动作从容不迫。

(3) 具有急剧改变方向的动作，应尽量采用流畅而连续的动作。

(4) 手在水平面内动作比在垂直面内的动作要准确。

(5) 工作时的动作次数应尽量减少，频率应降低。

(6) 重要作业尽可能由一个人的动作完成。

(7) 最重要和常用的装置或工具应当放在最有利范围之内。

(8) 操作者的操作动作，按适宜的半径作圆周运动比沿直线运动好。

(9) 从一个操作位置到另一个操作位置的动作应当平稳，不允许有跳跃式动作。

(10) 如果操作者不可避免地按不正确的轨迹动作时，应当考虑改变手的动作，这时采用直线形式的轨迹要灵活些。

第二节　控制器的设计

控制器是操作者用以控制机器运行状态的装置或部件。简单说，控制器是将人的指令传递给机器的装置。

生产中的许多事故都是因控制器设计未与人匹配所致。费茨和琼斯在 1947 年分析了飞行驾驶中出现的 460 个操作失误，发现其中 68% 的错误是由于控制器设计不当引起的。

一、控制器的类型

控制器的类型很多，分类方法也很多。一般来说，常见的分类方法有以下几种：

1. 按操作方式划分

(1) 手控制器，例如，各种手柄、按钮、旋钮、选择器、杠杆、手轮等。

(2) 脚控制器，例如，脚踏板、脚踏钮、膝控制器等。

控制器与人的肢体有关，其外形、大小、位置、运动方向、运动范围和操纵力等，都要适合于人的生理特征，便于手和脚的操作。

2. 按控制器的功能划分

(1) 开关控制器，用于简单的开或关，启动或停止的操作控制。常用的有按钮、踏板、手柄等。

(2) 转换控制器，适用于系统当中不同状态之间的转换操作控制。例如，手柄、选择开关、转换开关、操作盘等。

(3) 调整控制器，用于调整系统中工作参数定量增加或减少的操作控制。例如，旋钮、手轮、操作盘等。

(4) 制动控制器，用于紧急状态下启动或停止的操作。要求灵敏度高、可靠性强，例如，制动闸、操作杆、手柄、按钮等。

3. 按运动方式划分

(1) 旋转控制器，例如，曲柄、手轮、旋塞、旋钮、钥匙等。

(2) 摆动控制器，例如，开关杆、调节杆、杠杆键、拨动开关、摆动开关、踏板等。

(3) 按压控制器，例如，钢丝脱扣、按钮、按键、键盘等。

(4) 滑动控制器，例如，手闸、指拨滑块等。

(5) 牵拉控制器，例如，拉环、拉手、拉圈、拉钮等。

二、控制器设计的一般要求

控制器设计的首要原则是功能匹配，即控制器要与操作者的运动特性匹配。其次是控制简单化，即操作者能够简单、方便、迅速、准确地将指令传递给机器。

1. 控制器要与人体运动的特征匹配

控制器设计要考虑人体的尺寸和体力，才能适应人体运动的特征，控制才能简单、方便。

(1) 应根据人体测量数据、生物力学及人体运动特征进行设计。对操纵力、操作速度、安装位置、排列布置应按第5百分位能力来设计，使之适合于大多数人使用。

(2) 快速反应的用手动或指动控制器，用力较大的操作用手臂或下肢控制。

2. 控制器操作方向要与预期的功能方向和机器设备的被控方向匹配

控制器操作方向应与预期的功能方向和机器设备的被控方向一致，控制才能简单、方便。

(1) 控制器的操作方向与人心理上的固定概念相一致，例如，控制器向上、顺时针扳动——从功能角度意味接通或加强，从被控角度意味着机器设备向上或向右转动。

(2) 当被控元件运行是上下直线运动时，控制器也应做上下直线运动；当被控元件转动时，控制器宜采用手轮，例如，汽车转弯，宜采用圆形方向盘。

3. 为了控制简单化，控制器要利于辨认和记忆

采用一定的措施(例如，编码或形象设计)，使控制器利于操作者辨认和记忆，控制才能简单、方便。

4. 为了控制简单化，要利用控制器的结构特点

尽量利用控制器的结构特点进行控制(例如，弹簧等)或借助操作者体位的重力进行控制，控制才能简单、方便。

5. 为了控制简单化，控制器要与显示器匹配

让控制器与显示器有机地结合，将控制参量的变化可以及时反馈给操作者，控制才能简单、方便。

三、设计控制器时应该考虑的因素

1. 控制信息的反馈

控制器的状态要及时地通过人的手、脚、眼或其他器官反馈给操作者，以保证操作的可靠性及有效度。控制器反馈的方式主要有：光显示、振动显示、音响显示、操纵力显示。

在控制器上装有灯光，当按钮到位时，按钮即发光。这样可以表明操作控制器的到位，还可以显示按钮的位置状态，提示操作者注意。还可以在控制按钮以外的相应位置上用不同色光的联动装置来表示操作控制器到位的情况。

振动变化可以反映在控制器上，也可反映在体觉上(例如，机动车辆)。振动也常常转化为噪声的形式传递给操作者。

在控制器上设置到位音响装置(例如，“咔嗒”声)，这种音响常由控制器定位机构自动发出，也可以装设专门的联动音响装置。

操作阻力是控制反馈的主要因素。阻力过小会使操作者感觉不到反馈信息，心中无数；阻力过大又会使控制器动作不灵敏而难以驾驭，而且会使操作者提前产生疲劳。

为了更好地利用操纵力反馈，首先最小阻力应大于操作人员手脚的最小敏感力。各种不同控制器的最小阻力见表3-8。

其次控制器到位时应使阻力发生变化，作为反馈信息传达给操作者。这种变化可以是操作到位时阻力突然变小或阻力突然变大两种情况，见图3-2。

表 3-8　　不同控制器所要求的最小阻力

控制器类型	所需最小阻力/N
手动按钮	2.8
扳动开关	2.8
旋转选择开关	3.3
旋钮	0～1.7
摇柄	9～22
手轮	22
手柄	9
脚动按钮	5.6(如果脚停留在控制器上)， 17.8(如果脚不停留在控制器上)
脚踏板	44.5(如果脚停留在控制器上)， 17.8(如果脚不停留在控制器上)

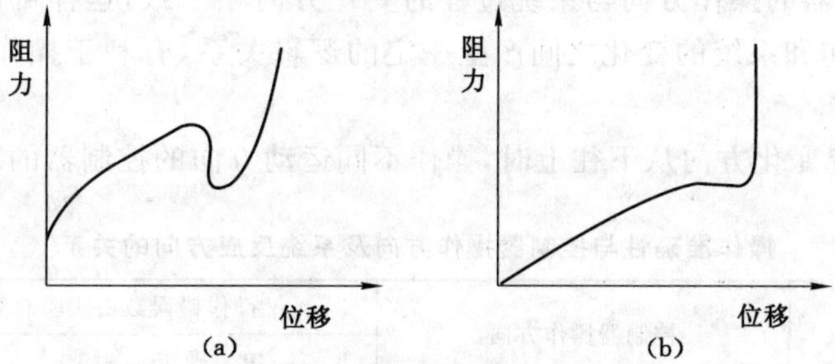

图 3-2　操作阻力的变化

2. 控制器的适宜用力

操作阻力不能过小，如果没有阻力，就很容易被碰移，而且操作时，操作者不能从动作中感觉出操作量的大小，从而影响操作的准确性。阻力也不能过大，否则会使控制器的动作不灵敏，难以驾驭，而且也会使操作者提前产生疲劳。

操作阻力主要有静摩擦力、弹性力、黏滞力、惯性力四种形式。表 3-9 给出了各种阻力的特性。

表 3-9　　控制器的阻力特性

阻力类型	举例	特性	优点	缺点	用途
摩擦力	开关、闸刀	开始时阻力较大，开关滑动时阻力即下降	因阻力大，可减少意外动作	控制准确度低	宜作不连续控制
弹性力	弹簧作用等	阻力随控制器移动距离加长而增大	1. 控制准确度高； 2. 控制器能自动归回空位	控制器移动到中间位置要定位时，需设定位装置	可作连续控制

续表 3-9

阻力类型	举 例	特 性	优 点	缺 点	用 途
黏滞力	活塞作用等	阻力与控制器移动速度相对应	1. 控制准确度高； 2. 运动速度均匀； 3. 稳定性好	造价高	宜作连续控制
惯性力	起重机的摇把等	阻力由多级结构的惯性产生，一般较大	1. 允许平滑移动； 2. 因需较大作用力，故减少了意外移动的可能	易操作疲劳；移动准确性差	可用于不精确控制

操作阻力的大小与控制器的类型、位置、移动距离、操作频率、力的方向等因素有关。

在设计控制器时，操纵力所依据的指标应当低于一般人的力量水平，按照力量较弱的人的水平进行设计。而且一般操纵力必须控制在该施力方向的最佳施力范围内。

3. 控制器的运动

首先控制器的操作方向应与人心理上的固定概念相一致，例如，向上、顺时针扳动按钮意味着接通或加强。

其次应使控制器的操作方向与系统过程的变化方向相一致，这样可以使控制操作形象化，又可使控制操作和系统的变化之间产生一定的逻辑关系，有利于操作人员记忆和辨认，提高操作效率。

表 3-10 是系统变化方向从下往上时，操作不同运动方向的控制器的准确性情况。

表 3-10　　操作准确性与控制器操作方向及系统反应方向的关系

系统反应方向	控制器操作方向	操作错误数占实验总数的百分比/%	
		单手操作	双手操作
从下往上	向上	5.0	7.0
	向前(离开自己)	7.5	8.8
	向侧面(向左和向右)	11.7	15.3
	向后(向自己)	11.3	18.5
	向下	13.3	19.8

表 3-10 说明控制器的操作方向与系统变化方向偏离越大，操作者所产生的操作误差越大。

4. 使用部位的尺寸和结构

不同的操作器，由于压或握的用力方式不同，操作件的尺寸和形状不同。

对于手用工具，应使工作重心落在手握的部位，握把部位不易太光滑或太粗糙，手柄的形状应该尽量使手腕保持自然状态，亚洲人的手柄直径一般取 40～50 mm。

对于脚用按钮或踏板，应该有足够大的行程和接触面，并有增加摩擦力的网纹。

5. 控制器的特征编码和识别

将控制器进行合理编码，使每个控制器都有特征，是减少差错的有效措施之一。控制器编码一般有 6 种方式：形状、位置、大小、操作方法、色彩和文字符号编码。可根据需要，采用一种或几种方式的编码组合。

(1) 形状编码

对不同用途的控制器设计成不同的形状，使人的触觉也能辨别。形状编码应按控制器的性质设计成不同的形状，并能与控制器的功能有逻辑上的联系，这样不仅利于记忆，而且在紧急情况下也不容易出现错误。此外，控制器的形状应当便于使用操作，方便用力。

(2) 位置编码

利用控制器间的相对位置以及控制器与操作者体位的相对位置进行编码。例如，汽车上的离合器踏板、制动器踏板和加速器踏板的布置。在没有视觉辅助的情况下，能够使操作者准确地搜索到所需要的控制器，利用位置编码，其控制器之间应有足够的间距，以防在控制器使用时发生置换错误。对垂直布置的控制器的操作准确性优于水平布置。

(3) 大小编码

以不同大小来区别控制器的功能和用途，通常在同一系统中只能设计大、中、小三种规格。由于大小编码的视觉和触觉感知度小，常与其他形式编码一起使用。

(4) 操作方法编码

利用每个控制器所具有的独特的操作方法编码。例如，按钮只有上、下变换，旋钮只有旋转变换，而且控制器只有按照这种唯一的操作方法才能实现其控制功能。因此，操作者可根据操作动作的差别识别控制器。这种编码方式通常与其他编码方式结合使用。

(5) 色彩编码

控制器采用色彩编码，凭视觉能有效地进行识别。人眼虽然能辨别很多颜色，但用于控制器编码的色彩，一般只使用红、橙、黄、蓝、绿 5 种色调，色调多了，反而容易混淆。此外，色彩编码还受照明条件的限制。色彩编码通常与形状编码、大小编码组合起来使用。

(6) 文字符号编码

最常见的编码方式是，利用文字、数字式符号来标明控制器的功能。文字、符号的设计应该简单易读，清晰明了。通常布置在控制器的上方。文字、符号部位应具有良好的照明条件。例如，电梯按钮。

四、控制器的设计

1. 手控制器

手控制器大致可分为扳动开关、旋钮、按钮、按键、杠杆、转轮、手柄和曲柄。

(1) 扳动开关

扳动开关只有开和关两种功能。扳动开关具有操作简便，动作迅速的优点。其中，以船形开关翻转速度最快，推拉开关和滑动开关由于行程和阻力原因，动作时间较长。

(2) 旋钮

根据旋钮可以旋转一圈、多圈或不满一圈，可分为：连续旋转钮（控制范围超过 360°），见图 3-3(a)、(b)；部分旋转钮（控制范围不超过 360°），见图 3-3(c)；定位指示旋钮（控制范围有固定的边界限范围限制），见图 3-3(d)。

根据旋钮的形状，可分为圆形旋钮、指针形旋钮和手动转盘等。对于圆形旋钮，设计的主要尺寸为直径和高度。其中，单层旋钮直径以 50 mm 为最佳。旋钮的大小应根据操作时使用手指和手的不同部位而定，其直径以能够保证动作的速度和准确性为前提。

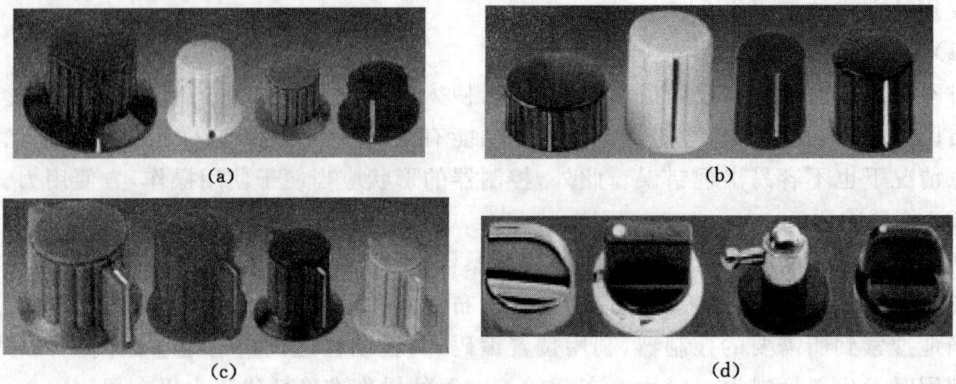

图 3-3　旋钮的类型

对于多层旋钮，各层旋钮间要保证不相接触，有足够的旋动阻力，能保证不会发生相互影响，同时注意无意接触。

(3) 按钮

按钮有两种结构：一种是揿则下降，松则弹起，这是单作用按钮；还有一种揿下之后可以锁住，再揿时才能弹回，这是具有保持位置的双作用按钮。

按钮形状有圆形和矩形两种。

按钮有三个主要参数：直径、阻力及移动距离。

① 按钮直径

用指尖揿的按钮直径，对大拇指可取 20 mm，其他手指可取为 15 mm。如果设计需要整个手端压揿的按钮（如要求压力较大的按钮或使用频率较高、要求容易揿到的按钮），钮面直径可设计得大一些，但一般不大于 30 mm，最小按钮直径可取 6.5 mm，戴手套时最小按钮直径为 13 mm。

按钮直径大于 15 mm 时，可将顶部做成球面线凹坑，以便于手感定位。

若按钮的关系重大，为防止疏忽，可将按钮设置在一凹坑中，如图 3-4 所示。这时按钮直径应不小于 25 mm，若需戴手套操作，则按钮直径不应小于 50 mm。对于发生疏忽会产生严重事故的按钮，应加防护装置。防护装置有很多种类，例如，可以加装小盖，或者按如图 3-5 所示那样加装护栏。

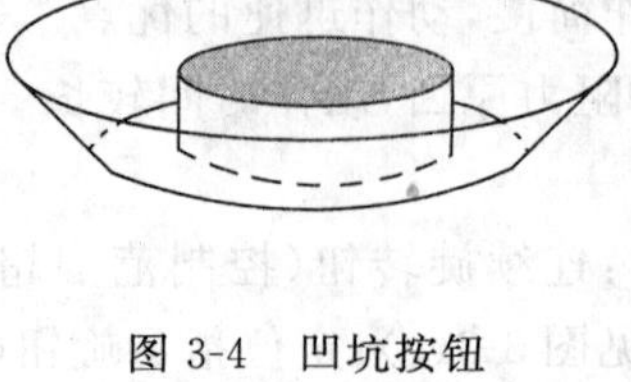

图 3-4　凹坑按钮

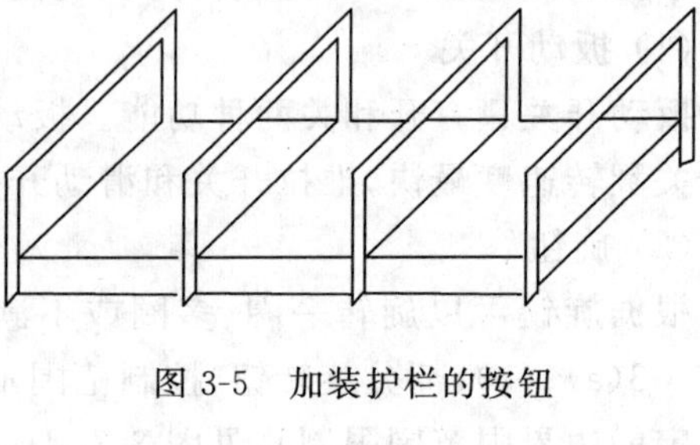

图 3-5　加装护栏的按钮

② 按钮阻力

对于单指按钮的阻力，大拇指按钮可取为 2.94～19.6 N，其他手指按钮可取为 1.47～5.89 N，按钮阻力不宜太小，以免误碰就会起作用。

按钮开关一般用音响，或以阻力的变化作为到位的反馈信息，但不宜用音响长时间的鸣叫作提示信号，因为这样会增加噪声。当按钮布置在暗处时应配备指示灯，以保证快速准确的操作。但也应有音响或阻力变化信息，因为指示灯有时会未注意而被忽略。

③ 移动距离

按钮的移动距离不宜太小，太小会不安全。一般情况下，大型按钮移动的距离也应大一些。

(4) 按键

按键是用手指按压进行操作的控制器，按其形状可分为圆柱形键、方柱形键和弧面柱形键；接用途可分为代码键(数码和符号键)、功能键和间隔键；按开关接触情况可分为接触式(例如，机械接触开关)和非接触式(例如，霍尔效应开关、光学开关等)。

按键的尺寸应按手指的尺寸和指端弧形设计，方能操作舒适。图 3-6 中，(a)为外凸弧形按键，操作时手的触感不适，只适用于小负荷而操作频率低的场合。按键的端面形式以中凹的图 3-6(d)型为优，它可增强手指的触感，便于操作，这种按键适用于较大操纵力的场合。按键应凸出面板一定的高度，过平不易感觉位置是否正确，如图 3-6(b)所示；各按键之间应有一定的间距，否则容易同时按着两个键，如图 3-6(c)所示；按键适宜的尺寸可参考图 3-6(e)。对于排列密集的按键，宜做成图 3-6(f)的形式，使手指端触面之间相互保持一定的距离；按键通常是由形状和大小相同、数量较多的键组成键盘，并用文字、数字或符号标明其功能。一般按键直径为 8～20 mm，突出键盘的高度为 5～12 mm，升降行程为 3～6 mm，键与键的间隙不小于 0.6 mm，由键组成的键盘，其功能分区(字符区布置)要符合国家标准，按键可以呈倾斜式、阶梯式排列，如图 3-6(g)所示。

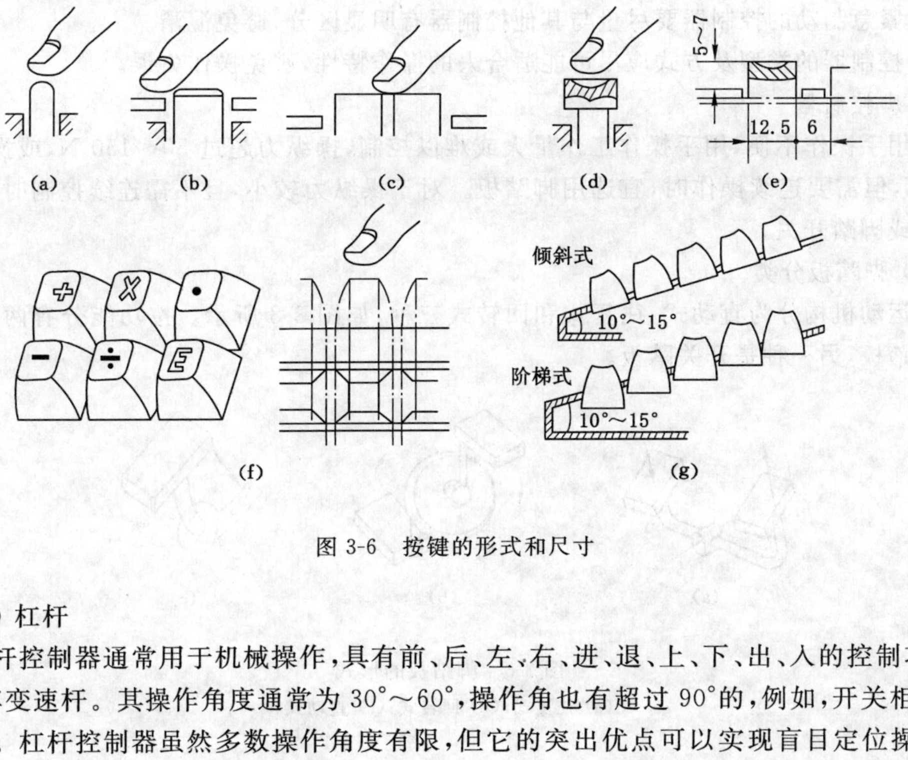

图 3-6　按键的形式和尺寸

(5) 杠杆

杠杆控制器通常用于机械操作，具有前、后、左、右、进、退、上、下、出、入的控制功能，例如，汽车变速杆。其操作角度通常为 30°～60°，操作角也有超过 90°的，例如，开关柜上刀闸操作杆。杠杆控制器虽然多数操作角度有限，但它的突出优点可以实现盲目定位操作。操作用力与操作功能有关，前后操作用力比左右操作用力大，右手推拉力比左手推拉力大，因此杠杆控制器通常安置在右侧。操作杆的用力还与体位和姿势有关。

(6) 转轮、手柄、曲柄

转轮、手柄和曲柄控制器的功能与旋钮相当，用于需要较大的操作扭矩条件下。转轮可以单手或双手操作，并可自由地连续旋转操作；手柄和曲柄可以认为是转轮的变形设计，见图 3-7。控制器在设计大小时必须考虑操作者有效用力范围及其尺寸的限制，使之手握舒服，用力有效不产生滑动。

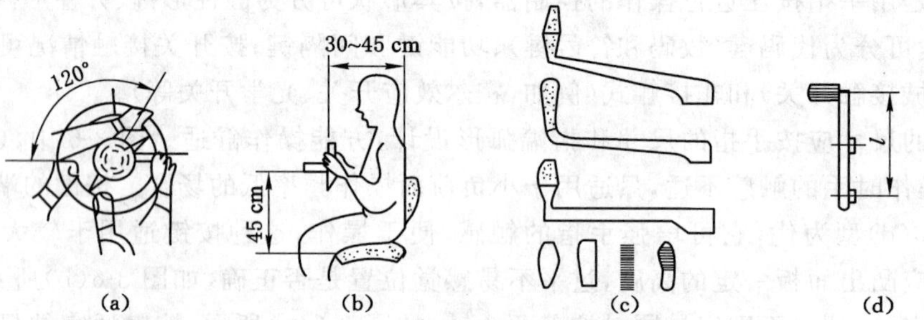

图 3-7 转轮、曲柄、手柄

(a) 转轮；(b) 垂直操作情况；(c) 曲柄；(d) 手柄

选择手控装置时要注意以下几点：

① 手控装置应该安排在肘、肩高度之间且容易接触到和见到的位置。

② 手指控制装置之间的距离可以为 15 mm，手控装置之间的距离可以为 50 mm。

③ 紧急制动的控制器要尽量与其他控制器有明显区分，避免混淆。

④ 控制器的类型及方式应尽可能适合人的操作特性，避免操作失误。

2. 脚控制器

当用手操作不便，用手操作工作量大或难以控制，操纵力超过 50～150 N，或操纵力小于 50 N，但需要连续操作时，宜选用脚踏板。对于操纵力较小，且不需连续控制时，宜选用脚踏钮或脚踏开关。

(1) 脚踏板分类

按运动机构分为直动式、往复式和回转式三种，如图 3-8 所示。按功能分有两种：一种是调节踏板，另一种是开关踏板。

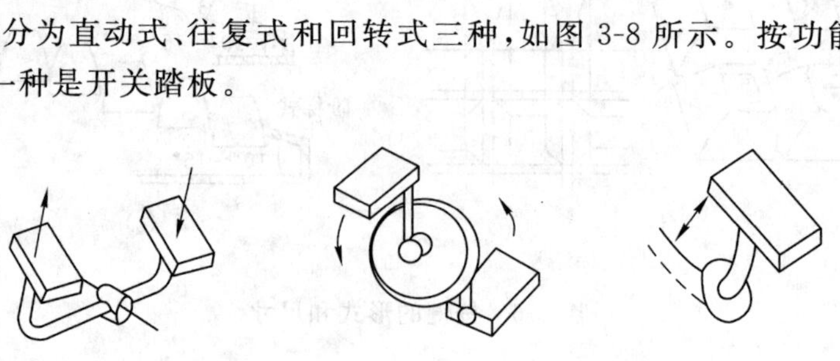

图 3-8 脚踏板的形式

(a) 往复式；(b) 回转式；(c) 直动式

① 调节踏板

调节踏板有以鞋跟为转轴的(例如,汽车的制动踏板,这种踏板随移动距离而增加阻力以便产生增量的反馈)和脚悬空的两种。

脚踏板常设计成长方形。踏板下的舒适角不大于 20°,一般控制在 15°左右,每脚与人的中线叉开 10°～15°为宜。

② 开关踏板

脚踏开关多用于定位操作。要很好地安排它的位置,既要不影响操作者的稳定性,还要避免误踏。踏板的转角不宜超过 10°,否则,需将脚抬离地面才能操作,操作者单脚承重不安全。

如果要求双脚均能踏动,或操作者连续不断改换位置时也能踏动,最好采用踏动标杆,踏动标杆距地面不应超过 15 cm,但伸长度不要大于 15 cm。

(2) 脚控制器的设计

① 姿势选择

脚控制器操作时必须保持身体平衡和容易出力,因此设计脚控制器时应该尽量采用坐姿。操作用座椅比一般座椅低。座椅要有靠背,单脚操作时,另一只脚还应有脚靠板。

② 脚的选择

对于单脚操作,常设计为右脚操作——右脚出力大,反应和动作速度快,准确度高。

有条件两脚交替操作时,应该采用两脚交替操作形式以减少疲劳,防止单调感。

③ 动作时间

设计脚控制器必须注意动作时间。不同类型的脚踏板,其动作时间不一样。当操纵力大于 50 N 时宜用脚掌着力,操纵力小于 50 N 或需快速连续点动操作时宜用脚尖。

④ 着力

脚踏板一般不偏离人体正中位置 75～25 mm。脚踏板的高度以脚能最大着力为原则。在操纵力很大时,脚踏板与椅面持平或稍低一些。若立位操作,脚踏板高度以 200 mm 左右为宜。如果不操作时脚仍需停放在踏板上,踏板至少应有 40 N 的阻力,以防止自重造成无意蹬动的误操作。

五、控制器的选择原则

选择合理的控制装置对于安全生产、提高工作效率非常重要。选择的原则如下:

(1) 快速而精确的操作主要采用手控或手指控制装置,用力操作则采用手臂及下肢控制。

(2) 手揿按钮、钮子开关或旋钮开关适宜于用力不大、移动幅度不大及高精度的阶梯式或连续式调节。

(3) 长臂杠杆、曲柄、手轮、踏板适宜于用力大、移动幅度大及低精度的操作。

在操作过程中,只有在脚控制器优于手动控制器时才选用。一般在下列情况下考虑选用:① 需要连续操作且用手不方便的场合;② 操纵力超过 50～150 N 的情况;③ 手的控制工作量太大,不足以完成控制任务时。

复习思考题

（一）知识性习题

（1）名词解释：力杠杆、关节分类。

（2）简述手和脚的作用力的特点。

（3）简述人的作业姿势与操纵力的关系。

（4）简述控制器的含义及其分类，并举例说明。

（5）简述控制器设计的原则和考虑因素。

（6）为何要对控制器进行编码，控制器的编码有哪几种形式？

（7）在什么情况下选择脚动控制器？

（8）简述手动控制器的类型有哪些？

（9）简述手机设计中的人因工程原理。

（二）研究性习题

（1）找一个拉力器，测量手臂沿各方向的拉力大小，并绘制图形。

（2）举例说明人体不当的用力，并给出改进方法。

第四章　控制器与显示器的匹配

☞ **教学目标**

1. 知道为什么要对显示器与控制器进行匹配设计；
2. 学会如何对显示器与控制器布局。

☞ **教学的重点和难点**

1. 教学重点：显示器与控制器布置方法、匹配方法；
2. 教学难点：显示器与控制器配置原则。

第一节　控制器与显示器的布置

显示装置及控制装置的设计基本要求就是要保证人和机的信息能够迅速准确地交流，减少信息加工的复杂性，从而提高工作效率。尤其是在现代工业生产过程中，显示装置与控制装置的正确合理布置对提高工作效率发挥了重要作用。

一、控制器与显示器的布置

1. 按重要程度布置

控制器和显示器按重要程度进行布置，把最重要的控制器布置在最佳操作区域内，依次类推；把最重要的显示器布置在最佳视野区内，依次类推。比如，鼠标和键盘都是控制电脑的重要设备，都放置在最佳的控制区以及最佳视野内，以便工作人员能够清楚和便捷地操作仪器设备，同时把开关放在次要的控制区内。

2. 按使用频率布置

控制器和显示器按使用频率进行布置，把经常使用的控制器布置在最佳操作区域内，把需要经常认读的显示器布置在最佳视野区内。比如，把使用频率最高的鼠标和键盘都放在最佳的控制区内。

3. 按使用顺序布置

把控制器的操作顺序按人习惯的动作(例如，水平方向习惯从左到右等)顺序进行布置。例如，五位数值输入旋钮，为了与数值对应，就需要由右向左使五个旋钮分别代表个位、十位、百位、千位和万位。同时，也把显示器的认读顺序按人的视感觉习惯顺序进行布置(例如，水平方向习惯从左到右，圆周方向习惯于按顺时针方向等)。比如，如图 4-1 所示电阻箱，四个旋钮分别代表个位、十位、百位、千位。

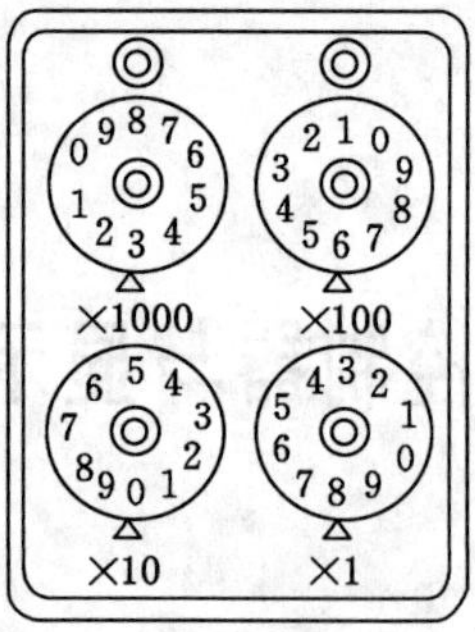

图 4-1　电阻箱旋钮布置

4．按功能分组布置

显示器和控制器可以按照功能进行布置，相关的显示器和控制器布置在相互对应的位置形成功能组。

5．按运动方向布置

在仪表盘上布置的显示器和控制器，其旋转方向或移动方向应遵循一定的方向性原则。如图 4-2 所示。一般来说，对于旋转按钮顺时针方向表示升高，逆时针表示降低；水平由左至右递增，垂直从下到上递增。

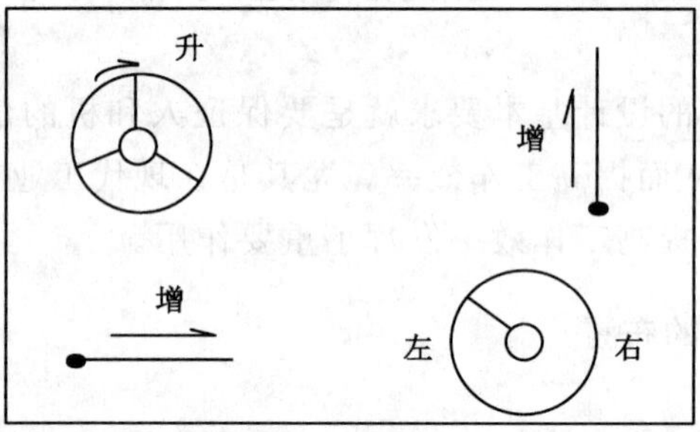

图 4-2　控制器的运动方向规则

控制器和显示器的布置首先要确定每种仪表和控制器的使用时间顺序、作用功能顺序、使用频率、重要性以及运动方向等。然后才有可能研究具体实施的可能性和方法，最后按人机系统要求的精确度、效率、劳动强度以及可靠性等条件对该显示-控制系统进行评价。显示装置与控制装置系统的评价方法，目前还处于研究阶段。美国人邦尼和威廉斯于 1977 年设计了 CAPABLE(显示装置与控制装置的逻辑评价)计算机程序，做了开拓性的尝试。目前，多采用模拟操作实测参数的方法进行方案比较和系统评价。

二、显示器的布置

现代工业生产过程中，为提高视觉工作效率，使用多个仪表时应根据其功能和重要程度，突出重点，分区布置。当在一个控制室内有许多块仪表盘，而每一块仪表盘上又装有许多仪表时，则仪表盘和仪表布置得是否合理，关系到认读效果、巡检时间、工作效率和安全问题。因此，显示器的布置必须适合人的生理和心理特性。

1. 仪表盘的认读特点和最佳视野区

人眼的分辨能力随视区而异。以视中心线为基准，在其上下各 15°的区域内误读概率最小，视角增大差错率增高(见表 4-1)。若仪表盘上的仪表布局为：4 只仪表位于监控者中心视线 15°角区域内，5 只仪表位于 15°～30°角区域内，1 只仪表位于监控者中心视线 30°～45°角区域内，则各仪表认读一次均不发生误读的概率为 $(1-0.000\ 5)^4(1-0.001)^5(1-0.001\ 5)^1=0.993\ 12$。

表 4-1　　**不同视角的误读概率**

视线上下的角度区域/(°)	误读概率	视线上下的角度区域/(°)	误读概率
0～15	0.000 5	45～60	0.002 0
15～30	0.001 0	60～75	0.002 5
30～45	0.001 5	75～90	0.003 0

当视距为 800 mm 时，若眼球不动，水平视野 20°范围为最佳认读范围，其正确认读时间为 1 s。当水平视野超过 24°以后正确认读时间开始急剧增加，且 24°角以外区域的左半部正确认读时间比右半部正确认读时间短。当视线与盘面垂直时，可以减少视觉误差。当人坐在控制台前，头部一般前倾，所以仪表盘应相应后仰 15°～30°，以保证视线与盘面垂直。从视觉特征来说，仪表盘的视距最好是 70 cm 左右。

2. 仪表盘总体布局设计

如果许多块仪表盘一字排开，会造成眼睛至盘面上各点的视距不一样。盘面中心部位视距最短，认读效率最高，盘面边沿部位视距延长，因而认读效率最差。

为了保证工作效率和减少疲劳，一目了然地看清全部仪表，一般可根据仪表盘的数量选择一字形、弧形和弯折形布置。

一字形布置的结构简单，安装方便，是目前控制室仪表盘的常见布置形式。此种形式的视距变化较大，仅适用于仪表盘数量较少的小型控制室。弧形布置的结构比较复杂，它既可以是整体弧形，也可以是组合弧形. 这种弧形结构改善了视距变化较大的缺点，常用于 10 块仪表以上的中型控制室。弯折形布置由多个一字形构成，其结构比弧形简单，又使视距变化较大的缺点得到克服，因此该种布置形式常用于大中型控制室。如图 4-3 所示。

(a)　　(b)

图 4-3　控制室仪表盘布置

3. 仪表盘的垂直立面布置

盘面安装的仪表，接用途大体可分为生产管理仪表、过程控制仪表和操作监视仪表等三大类。按其作用、重要程度与操作要求，其合理布置如图 4-4 所示。

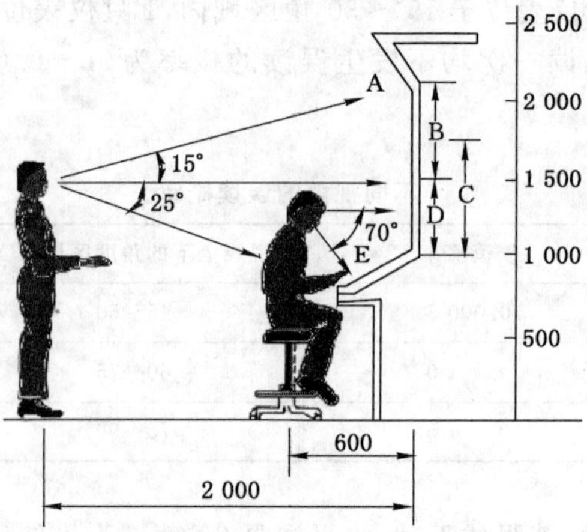

图 4-4　盘面上的仪表布置

A 区域可布置反映全局、对生产过程有指导意义的生产管理仪表(比如，电压表、电流表、物料总量表)。它们的位置应在人的身高以上比较醒目的地方。

B 区域可布置反映整个生产过程及反映各主要设备运行情况的仪表。

C 区域可布置监控者经常观察的各类指示仪表和记录仪。

D 区域可布置指示调节器和记录仪及其操作部件。

E 区域是仪表盘附带的操作台，可布置启动和停止按钮、显示转换键和电话等辅助装置。

4. 指针式仪表群的布局

刻度盘指针仪表最宜用于检查显示和动态显示。这种显示常常需要多表同时进行，而所用的仪表又往往是相同的，多个相同的仪表就构成一个仪表群。

(1) 仪表群的排列

检查用显示的目的是监视机器的运行状态。当机器处于正常情况时，很多仪表指针都处于稳定的显示状态，一旦某部分出现异常，相关的那个仪表才会出现变位显示。在这个过程中，仪表相当于一种记忆元件，平时的显示是“无信号”的，即指正常时仪表指针稳定不动，每出现某种异常时就会在相应的表上做出一次显示和记录。因此，将显示器按某种几何规律排列对发现异常最为有利。

1953 年约翰斯加尔(Johnsgard)将 16 个仪表排成四种情况。图 4-5(a)为所有仪表指针一律向左；图 4-5(b)仪表分为左右两组，两组仪表指针相对；图 4-5(c)分为上下两组，两组仪表指针相对；图 4-5(d)分为四种，每组表针指向中心。不论哪一种排法，都是将表针的指向排成一个有规律的图案，一旦发现有破坏这个图案者，必为异常显示。实验结果表明，图 4-5(d)的效果最差，图 4-5(c)优于图 4-5(b)，图 4-5(a)效果最好。

1964 年达谢夫斯基(Dashevsky)进一步做了排表实验，见图 4-6。他将表的指针延续画到板上，发现画延伸线的比不画延伸线的误差率减少 85%，比约翰斯加尔的排法误读率可

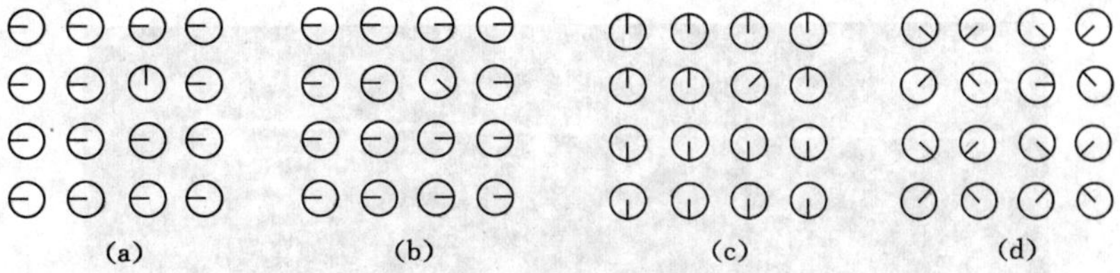

图 4-5　Johnsgard 仪表阵

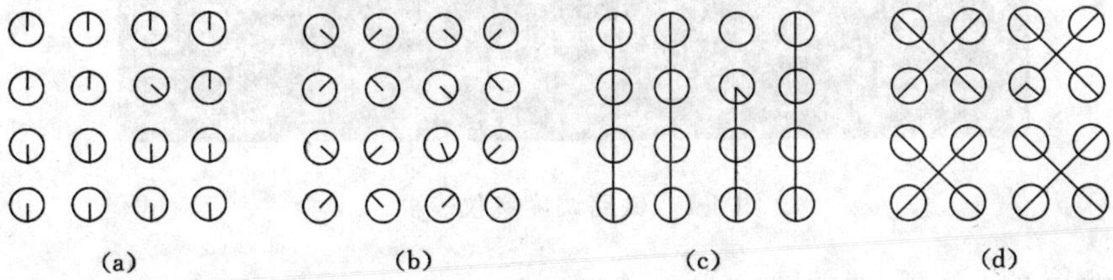

图 4-6　Dashevsky 仪表阵

减少 92%,这种排法提高功效的原因是:指针延伸线强化了图案的规律性特征。

此外,为了保证工作效率和减少疲劳,布置显示器时,应当考虑让操作者不必运动头部和眼睛,更不要移动座位,即可一眼看清全部显示器。为了达到这个要求,一般可根据显示器的数量和控制室的容量,选择直线形布置、弧形布置或折式布置等布置方式。从视觉特征来说,仪表板的视距最好是 70 cm 左右,其高度最好与眼相平,布置时面板应后仰 30°角。

(2) 动态显示

上述对机器运行中各部分的状态,进行的检查显示是对机器作的静态显示。而动态显示则要求描述出机器的运行过程,为了这个目的,常常将显示机器完成工作过程的仪表构造成模拟的形态,或组合成一幅系统运行模型的动态图案。这种仪表群的实例很多,例如,高炉控制显示仪表板等。

铁路信号室及调度室中的大型显示板也属于动态显示仪表群(图 4-7)。它采用各种显示器具组合成形象的站场列车动态显示系统。这种综合显示省去了很多解释抽象仪表的时间,同时也降低了差错率,因此大大提高了显示效果。

三、控制器的布置

控制器布局中主要有三个问题:一是控制器应布置在什么位置,二是各控制器之间的间隔,三是防止意外误操作的措施。

1. 控制器的位置设计

控制器布置的位置除应遵守时间顺序、功能顺序、使用频率、重要性及运动方向原则之外,还要考虑各种控制器本身操作特点,将其布置在这种控制的最佳操作区域之内。例如,颜色编码控制器应布置在最佳视觉域之内,位置编码控制器应安排在习惯的操作位置上等,以使控制器的位置有利于其编码的识别。此外,联系较多的控制器应尽量互相靠近,控制器的排列和位置要符合其操作程序和逻辑关系,还应适合人左右手及左右脚的能力。

1965 年,夏普(Sharp)和霍恩希思(Hornseth)将旋钮、扳动开关和按钮三种控制器分别

图 4-7　铁路调度室仪表群

布置在三个距操作者 760 mm 的控制板上，做操作实验，得到图 4-8 所示的区域图，从图上可看出，扳动开关的适应操作区域最小，其次是旋钮，操作区域最大的是按钮。产生这样的结果主要取决于各种控制器的手动方法、动作距离及移动方向。

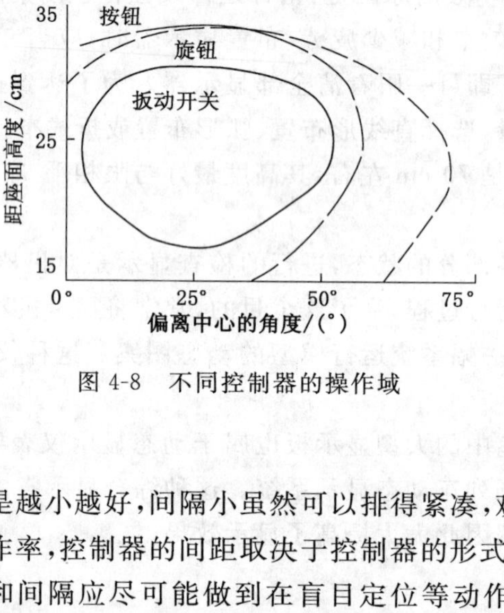

图 4-8　不同控制器的操作域

2. 控制器的间隔设计

控制器之间的间隔不是越小越好，间隔小虽然可以排得紧凑，观察方便，但实验证明，过小间隔会明显地增加误操作率，控制器的间距取决于控制器的形式、操作顺序及是否需要防护等因素。控制器的安排和间隔应尽可能做到在盲目定位等动作时，有较好的操作效率。控制器的形式对于控制器间隔的影响很大。不同形式的控制器要求不同的使用方式。例如，按钮只需指尖向前按，对周围的影响最小。而扳动开关既要求手指在扳钮两侧有足够的空间以便捏住钮柄，又要求留出朝扳动方向手的活动空间。再如，杠杆操作器，如果两个杠杆必须用两手同时操作，两只手柄间就必须留有可容纳两只手动作时不会相碰的距离；如果两个杠杆是用一只手顺序操作，则两手柄的间距可以小得很多。

布雷德利(Bradley)1969 年对 24 名利用右手操作的被试者做旋钮间距实验。实验的旋钮直径 10～35 mm，间距由 10 mm 增至 40 mm，实验中发现，当间距增加到 25 mm 时，操作速度最快，继续增大到间距 30 mm 时，操作速度出现下降的趋势。表 4-2 给出了几种控制器的适当间距，可供参考。

表 4-2　　各种控制器需要的间距　　mm

间距 操作器具 / 操作方法	手指		手			脚	
	按钮	扳动开关	杠杆	曲柄	旋钮	踏板之间	中心距
同时操作			125	125	125		
单肢顺序操作	25	25				100	200
单肢随机操作	50	50	100	100	50	150	250
不同的手指操作	10	15					

3. 防止误操作设计

即使控制器的间隔和位置都设计得合适，也还有发生误操作的可能。对重要的控制器为避免发生误操作可以采取以下措施：

(1) 将按钮或旋钮设置在凹入的底座之中或加装栏杆等；

(2) 使操作手在越过此控制器时，手的运动方向与该控制器的运动方向不一致，例如，如果操作时手是以铅直方向越过某杠杆，这时可以将此杠杆的动作方向设计成水平的，即使无意中被经过的手碰到也不会产生误动作；

(3) 在控制器上加盖或者加锁；

(4) 按固定顺序操作的控制器，可以设计成联锁的形式，使之必须依次操作才能动作；

(5) 增加操作阻力，使较小外力不起作用。

第二节　控制器与显示器的匹配设计

在显示装置—人—控制装置这个链条中，人是最关键的参数。如果显示变化得过快，操作者无力接受，就无法作出判断，机器将处于失控状态。假如控制器过于粗略，无法用手做到精确调节，机器也将失控。反之，如果显示器与控制器匹配得十分恰当，不但能提高操作效率，提高机器运行的可靠性，而且能降低操作人员的负荷，减少疲劳，提高工作效率，即达到人机的最佳联系。

操作者接受外界的信息"显示"是泛指一切与该控制有关的各种信息，既包括仪表显示，也包括有关的环境显示。例如，汽车司机从车窗看到的道路情况(也可以把车窗看成为一个特殊的大显示器)，以及操作者看到的机器的运行状况或加工状况等。

本节主要讨论为达到显示与控制之间互不干扰和协调一致的目的，进行显示装置与控制装置综合设计的方法。

一、显示器与控制器匹配一致性原则

(一) 显示器与控制器的空间及逻辑位置一致

任何一种控制操作都必然有某种形式的反馈信息作用于操作者，使之得以判断前一操作是否正确，进而决定下一步的操作方案。不过这种反馈不一定都是通过仪表显示的，例如，汽车的方向盘做转弯操作时，是通过车窗视景的变化和司机对离心力的体觉感知反馈信息的。下面要讨论的逻辑位置一致性是专指仪表与控制器相互之间有规律的位置对应关系,不包括其他显示方式(例如,听觉显示等)与控制器的关系。必须保证控制器与显示器空间位置尽量一致,如图 4-9 所示。

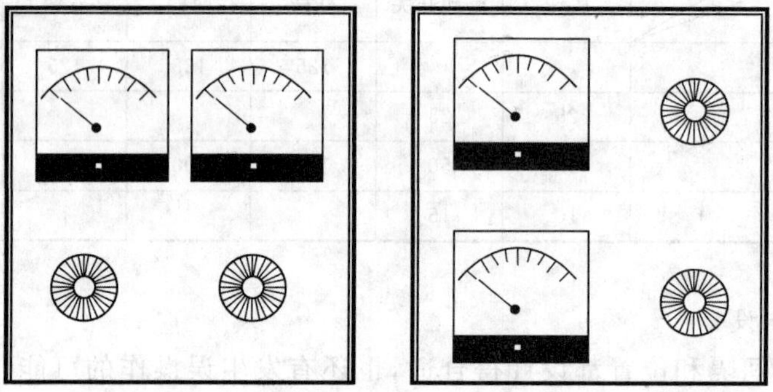

(a) (b)

图 4-9 显示器与控制器空间位置一致

1976 年韦尔福(Welford)用 8 个灯光刺激做反应实验,分为两种情况:一种是在每个灯下面装设该灯的控制按钮,第二种情况是将按钮做无规则排列,实验结果是第二种情况的反应时间显著增长。

产生这种差别的原因就在于第一种情况下灯光与控制的逻辑位置是一致的,而第二种情况下灯光与控制的逻辑位置是不一致的,这种不一致就导致在选定控制器前须将灯光的逻辑顺序翻译成控制器的逻辑顺序,因而花费了大脑转换信息的时间。

显示器与控制器逻辑位置不一致的第二个恶果,是对人员训练的困难和训练时间的加长,训练时间的增长既是一种经济损失,又是一种浪费人力的社会损失。

显示器与控制器逻辑位置不一致的第三个恶果是失误率增高,特别是在紧急情况下,既要急忙操作,心中又拿不准所操作的控制器是否正确,有时甚至会发生反向操作的情况。对这一现象的生理心理机制的解释,还有待于进一步研究。

在设计实践中,仪表并不总是可以与控制器直接相关联地按照同一种逻辑顺序布局,多数情况是仪表集中在前面仪表板上,而控制器却布置在距操作者很近的控制台上,或在下面的脚踏部位,如何做到它们之间逻辑位置一致是一件难度很大的工作。下面提供几种做法,供设计时参考。

1. 调查与实验

对现有的类似装置进行调查研究,同时调查操作者们对现有装置的使用习惯,是做好显示控制系统设计的第一步,也是最关键的一步。如果新设计的系统与现有的系统很相近,就可以在调查的基础上进行设计。如果设计的系统进行多方案的比较,做出效率和误差率实验,而后择优选用一种布置方案。

2. 科学地进行编码

为了改善显示与控制的逻辑位置关系,还可以采用一些编码的方法加强显示器与控制器之间的联系。例如,采用标志编码、颜色编码等。实验证明,在显示器与控制器布置的逻辑关系一致时,这种编码几乎不起作用,而在它们之间安排的逻辑顺序不相同时,这种编码可以大大提高操作的准确性和降低反应时间。有的实验证明,在大型仪表板上用颜色编码,可以将失误率减少 95%以上,反应速度提高 40%。

3. 采用文字或符号标志

对相关的仪表和控制器加以文字标示,标示出仪表及控制器的名称、功能、规格等。这种标示一般是加在仪表或控制器周围适当的地方,标示的文字符号必须简单明确,为不遮挡视线起见,右手用的控制器的标示应写在控制器的左侧,左手操作的控制器的标示应写在右侧,需要从下往上看的仪表或控制器标示应写在下面,反之应写在上面。

为了避免标示被混淆,标示与被标示的仪表或控制器要尽量靠近,并使各个仪表或控制器之间保持足够的距离。避免混淆还有一个有效的方法,就是使同一块控制板上的标示文字一律写在仪表及控制器的同侧位置上,例如,一律写在仪表或控制器上方,或者一律写在下方。控制器与显示器布置的空间位置相互应保持一致性的关系,如果显示器排成长方形,控制器也应相应排成长方形,信号装置排成直线形,电钮也应排成直行等。这种一致的排列,可使操作时动作快,差错少,效率高。

(二) 显示器与控制器的运动一致

显示器与控制器运动的一致是指两个方面:其一是仪表指针(当表盘为固定时)或者表盘(当指针固定时)运动的方向与控制器操作运动方向的一致,其二是运动方向所表示的增或减应与观念上对增或减理解的一致。这两方面在实际设计中常常是互相关联的。

从运动的形式上划分,显示器与控制器之间有两种组合形式,一种是显示器与控制器具有相同的运动形式,例如,都是直线运动或都是旋转运动,另一种是显示器与控制器具有不同的运动形式,例如,一个是直线运动,而另一个是旋转运动。从各自所处的空间位置上划分,也有两种情况:一种是仪表与控制器处在两个方向相同的平面内,另一种是两者分别处于不同方向的平面内。

以上两种分类方式的组合可以得到四种情况。下面按运动形式的不同,分为两种类型进行讨论。

1. 显示器与控制器具有相同的运动形式

在显示器与控制器具有相同的运动形式时,不论显示器与控制器是否在同一平面内,都较容易做到两者运动方向的一致。但设计时应注意处理好以下三种情况:

(1) 应尽量避免仪表为竖立直线刻度盘式,而控制器都是横向直线运动,或者相反,避免仪表横向运动而控制器竖直运动。设计中只要使两者运动方向之间的夹角偏离 90°,就可以得到运动方向基本一致的效果。当然两者的运动是平行且同向时最好。

(2) 应尽量避免旋转式仪表与旋转式控制器处于相互垂直的位置,设计时只要使它们之间的夹角不是 90°,也可以得到运动方向基本一致的结果。

(3) 如不能满足上述两条,可按表 4-3 确定控制器的运动方向。

表 4-3　　运动方向与增减值的关系

运动形式	增	减
旋转运动	顺时针	逆时针
竖直移动	向上	向下
水平移动	向右	向左
前后移动	远离	靠近

2. 显示器与控制器具有不同的运动形式

显示器与控制器具有不同的运动形式,这时如何确定显示与操作动作的一致性,是一个十分复杂的问题。其中一个重要的因素就是人的习惯,包括手的操作习惯、脚的操作习惯及观念上的习惯等。这种习惯在世界各国既有共同的部分,也有不同的部分。例如,收音机音量旋钮顺时针为增,水阀手轮以反时针为开,是共同的;但对电灯开关,英国向下拨为"ON",而美国却相反,向上拨为"ON"。服从这种共性的设计,谓之适合性设计。

形成习惯的原因很复杂,其中主要有以下两点:一是人的生理特性因素;二是在人的发展过程中,环境条件、社会生活、文化交流等社会因素。任何一种习惯都是在以上两种因素长期交互作用的过程中形成的。对于这种习惯问题,唯一的方法就是调查研究和对操作者做实验。

显示器与控制器具有不同的运动形式的一般情况是:一个做直线运动,另一个做圆周运动。现将这种情况的实验结果归纳如下:

(1) 仪表的运动与控制器的运动基本处于一个平面上

两者运动的轨迹具有相切的形式时,应取其贴近的一侧运动方向一致,即圆周运动切线与直线运动的方向一致,如图 4-10 所示。两者运动轨迹具有相交的形式如图 4-11 所示。

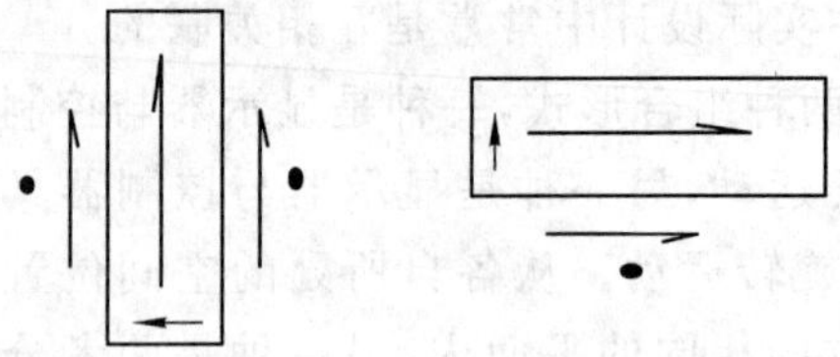

图 4-10　直线运动和圆周运动的轨迹相切

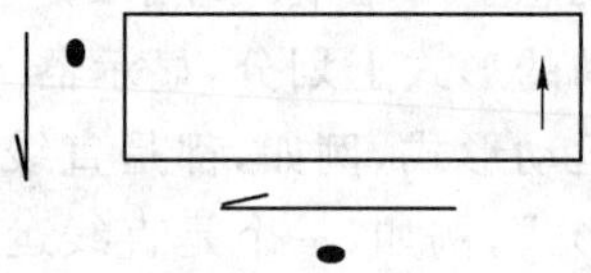

图 4-11　直线运动和圆周运动的轨迹相交

(2) 仪表运动与控制器运动不在一个平面上

汽车上采用的由一排小灯箱组成的显示器是用来表示各种开关式控制器的状态,与控制器对应的方法是在每一个小灯箱表面装一印有对应控制器功能的示意图形,而控制器是装在汽车方向盘下面的立柱周围。

(三) 显示器与控制器的概念一致

显示器与控制器概念一致,其一是指其编码的意义要与其作用一致,例如,用表示危险的红色来标明制动和停止,用表示安全的绿色来标明运动和通过等;其二是人们长期形成的共同习惯,如果要使汽车向右转就朝顺时针方向转动方向盘;顺时针转动收音机的音量旋钮,则音量开大;而顺时针旋拧自来水时,水却应减小流量等。机器设备上使用的旋钮,一般都是顺时针转动表示数值增大,逆时针转动表示数值减小,倘若颠倒过来进行设计,就很容易产生误操作,甚至引发事故。

二、显示器与控制器的移动比率设计

控制与显示之间除运动方向希望一致外,还有一个控制显示比的问题,它是指控制器的操作量(C)与显示器(指示器)的显示量(D)之间的一种比例关系。其表达式为 $B=C/D$。

例如,操作当中,操作杆移动 20 mm,显示器上的目标位移 5 mm,其控制显示比为:

$$B = C/D = 20/5 = 4$$

又如，旋钮调节时，当旋钮转动 1 个单位，指示器指针移动 5 个单位，则：

$$B = C/D = 1/5 = 0.2$$

当 C 很大而被调节的显示仪表的移动量 D 很小时，为了调整一个小的显示偏差就需大幅度地调节控制量；反之，C 很小，而 D 却很大，即 B 值小，则表示控制器只要稍微动一下就会出现较大的显示量。前一种情况称之为低灵敏度控制显示系统，后一种情况称为高灵敏度控制显示系统，如图 4-12 所示。由此可见，控制显示系统的灵敏度取决于控制器与显示器移动量的比率，即控制显示比。

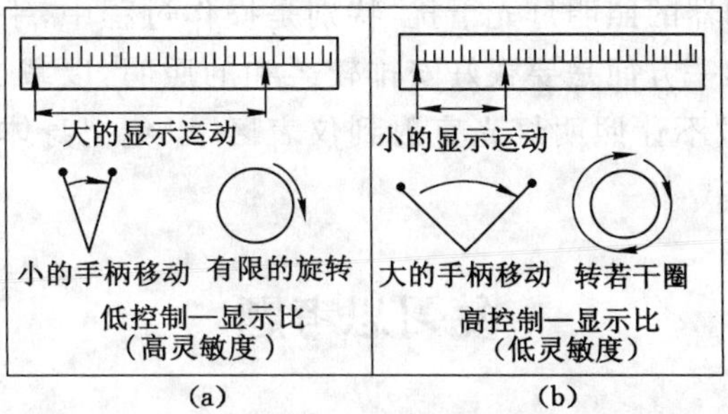

图 4-12　C/D 比与控制显示系统的灵敏度

(a) 高灵敏度；(b) 低灵敏度

系统如何选择最佳比率，完全取决于该系统的设计要求和工作性质，一般是通过对系统的实验来确定，一般来说，B 值小的调节控制器适用于粗调或要求快速调到预定位置的场合。它的调节时间短，但不可控制精度。B 值大的调节控制器，适用于微调，容易控制，但调到预定位置的时间，相对要长得多。国外曾有人经过实验得出，旋钮的最佳 B 值范围为 0.2～0.8。对于有操作杆或手柄的则为 2.5～4.0 较为理想。

设计控制器时，对于高灵敏度系统可以采用两级调节的结构：第一级控制器是对显示做快速粗调；第二级控制器是对显示做慢速微调。图 4-12 给出一种选择最佳控制显示系统的图解方法，当选用 B 值小即高灵敏度系统时，用于第二级调节的时间常多于第一级调节的时间。反之，选用低灵敏度系统时，第一级调整时间将增长，第二级调节时间必然缩短。当灵敏度低到一定程度时，只需使用第一级调节就可以满足要求，不需要设置第二级调节。在图 4-13 中画出了这两种情况的调节时间曲线，其交点就是采用两级调节的最经济的调节时间，也就是最佳的控制显示系统比率。

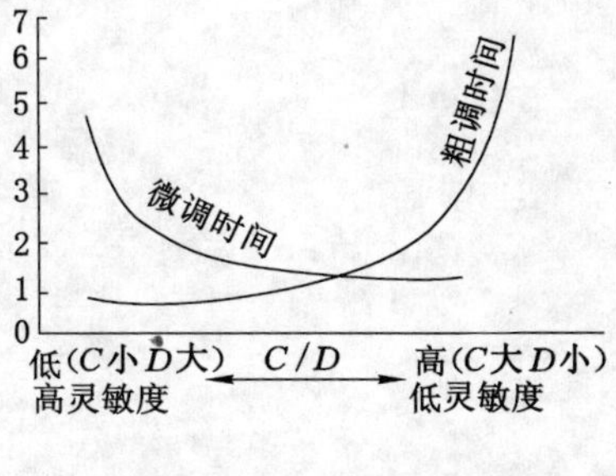

图 4-13　控制显示比率与操作时间关系

三、控制显示移动比率设计避免操作对显示器的干扰

控制操作对显示器的干扰主要有两种情况：

第一，在操作控制器时肢体遮挡了某些显示器，特别是有些控制器使用频率较高或一次使用时间较长时，用肢体遮挡了操作员自已的视线，会漏掉某些信息而造成事故。发生这种情况的主要原因是设计控制显示系统时，既缺乏对原有类似设备上人机系统足够的统计资料，又没有做好新设计系统的模拟实验。

第二，显示器受控制器的照明灯光干扰，特别是操作过程中，手臂灯影的不断变化影响显示效果。克服的方法，一方面是要很好安排较柔和的照明，以减少灯影；另一方面要处理好灯光照明的角度，尽量不让照明灯光直射到仪表区，以免把身体或手臂的影子打在仪表板上。

复习思考题

（一）知识性习题

（1）简述显示器与控制器的布置方法。

（2）简述显示器与控制器布局。

（二）研究性习题

查阅资料，调查某款旧式汽车上的控制器和显示器布置的合理性，如果控制器和显示器匹配不合理，有哪些改进的地方？

第五章　作业空间与人的特性匹配

☞ **教学目标**

1. 了解人体测量的基本术语，理解均值、方差、标准差、百分位数等的定义和含义；了解人体静态尺寸以及人体一些常用生理参数的基本计算方法；

2. 掌握如何选择百分位和适用度、人体测量数据的运用准则、能够确定功能修正量；

3. 能够综合运用和掌握人体测量数据，尤其熟悉人体测量数据在设计产品中的应用；

4. 知道工厂工作设计、作业空间设计；

5. 掌握如何设计出最佳作业空间；

6. 知道各种作业姿势的优缺点，掌握如何在工作设计中应用；

7. 知道人机系统的安全设计包括的主要内容以及遵循的原则；

8. 知道安全防护距离、安全防护装置的作用与分类、设计原则和典型安全防护装置；

9. 知道人机系统的安全设计包括的主要内容以及遵循的原则；

10. 知道安全防护距离、安全防护装置的作用与分类、设计原则和典型安全防护装置。

☞ **教学的重点、难点**

1. 教学重点：均值、方差、标准差、百分位数、功能修正量、人体测量数据在设计产品中的选用原则、应用和计算、坐姿的作业空间设计、立姿的作业空间设计、坐立交替的作业姿势的作业空间设计、安全防护距离、典型的安全防护装置的设计；

2. 教学难点：功能修正量、人体测量数据在设计产品中的应用、坐立交替的作业姿势的作业空间设计、安全防护距离。

第一节　人体尺寸

一、人体尺寸测量

通过测量人体各部位的尺寸可以研究人的形态特征，从而为各种工业设计和工程设计提供人体测量数据。

（一）人体尺寸测量中常用的统计函数

在人体测量中，有两个重要的统计量：均值和标准差。

1. 均值

表示样本的测量数据或统计总体的平均特征的值称为平均值，简称均值。对于有 n 个样本的测量值：$x_1, x_2, \cdots, x_n$，其定义式为：

$$\bar{x} = \frac{x_1 + x_2 + \cdots + x_n}{n} = \frac{1}{n}\sum_{i=1}^{n} x_i \tag{5-1}$$

2. 方差

描述测量数据在中心位置（均值）上下波动程度差异的值叫均方差，常称方差，是各数据偏离平均数的距离的平方的平均数。对于有 n 个样本的测量值：$x_1, x_2, \cdots, x_n$，方差的定义式为：

$$S^2 = \frac{1}{n}\sum_{i=1}^{n}(x_i - \bar{x})^2 = \frac{1}{n}(\sum_{i=1}^{n} x_i^2 - n\bar{x}^2) \tag{5-2}$$

3. 标准差

方差的量纲是测量值量纲的平方，为使其量纲和均值相一致，则取测量值对均值的均方根值，来说明测量值对均值的波动情况。方差的平方根 S 称为标准差。其定义式为：

$$S = [\frac{1}{n}(\sum_{i=1}^{n} x_i^2 - n\bar{x}^2)]^{\frac{1}{2}} \tag{5-3}$$

4. 百分位数

(1) 百分位数的含义

人体测量的数据常以百分位数来表示人体尺寸等级，常用的百分位数有：第 5 百分位数、第 50 百分位数和第 95 百分位数。第 5 百分位数是代表“小”身材，是指有 5％的人群身材尺寸小于此尺寸，95％的人群身材尺寸大于此尺寸。第 50 百分位数表示“中”身材，是指大于和小于此人群身材尺寸的各占 50％。第 95 百分位数代表“大”身材，是指有 95％的人群身材尺寸均小于此尺寸，只有 5％的人群身材尺寸大于此尺寸。其他百分位数的含义可以此类推。

(2) 百分位数的计算

当已知某项人体测量尺寸的均值为 $\bar{x}$，标准差为 S，求某一百分位的人体测量尺寸 x_α 时，x_α 可用下式计算：

$$x_\alpha = \bar{x} \pm k \cdot S \tag{5-4}$$

式中，k 为变换系数，当求 1％～50％之间的数据时，式中取“－”号；当求 50％～99％之间的数据时，式中取“＋”号。设计中常用百分比值与换算系数 k 的关系见表 5-1。

表 5-1　常用百分比值与换算系数 k 的关系

百分比/％	k	百分比/％	k
0.5	2.576	70	0.524
1.0	2.326	75	0.674
2.5	1.960	80	0.842
5	1.645	85	1.036
10	1.282	90	1.282
15	1.036	95	1.645
20	0.842	97.5	1.960
25	0.674	99.0	2.326
30	0.524	99.5	2.576

例 1:计算第 5 百分位数和第 95 百分位数华北男性身高。

解:查表得华北男性身高平均值 M＝1 693 mm,标准差 S＝56.6 mm,变换系数 k＝1.645。

第 5 百分位数为:x_5＝1 693－(56.6×1.645)＝1 600 mm;

第 95 百分位数为:x_{95}＝1 693＋(56.6×1.645)＝1 786 mm。

(二) 常用人体测量数据

1. 我国成年人的人体结构尺寸

人体测量数据分两类:人体结构尺寸指静态尺寸;人体功能尺寸指动态尺寸。

静态测量是指被测者在确定的静止状态下,例如,立姿或坐姿,利用人体测量仪器进行的测量。具体测量时,应首先确定测点的位置和所需要测量的项目以及正确的测量方法。可参考国际《人体测量术语》和《人体测量方法》。

(1) 人体主要尺寸

人体主要尺寸包括:身高、体重、上臂长、前臂长、大腿长和小腿长。表 5-2 给出了我国人体主要尺寸的均值和标准差。

表 5-2　　人体主要尺寸

测量项目	男性		女性	
	均值	标准差	均值	标准差
身高/mm	1 678	59.93	1 570	52.12
体重/kg	59	6.66	52	6.06
上臂长/mm	313	14.55	284	13.33
前臂长/mm	237	12.73	213	12.12
大腿长/mm	465	22.42	438	21.82
小腿长/mm	369	18.79	344	18.79

(2) 立姿人体尺寸

立姿人体尺寸包括:眼高、肩高、肘高、手功能高、会阴高和胫骨点高。表 5-3 给出了我国人体立姿尺寸的均值和标准差。

表 5-3　　立姿人体尺寸　　mm

测量项目	男性		女性	
	均值	标准差	均值	标准差
立姿眼高	1 568	59.99	1 454	50.30
立姿肩高	1 367	52.12	1 271	46.06
立姿肘高	1 024	42.42	960	36.97
手功能高	741	36.97	704	37.37
立姿会阴高	790	37.58	733	36.36
立姿胫骨点高	444	21.21	410	20.00

（3）坐姿人体尺寸

坐姿人体尺寸包括：坐高、坐姿颈椎点高、坐姿眼高、坐姿肩高、坐姿肘高、坐姿大腿厚、坐姿膝高、小褪加足高、坐深、臀膝距和坐姿下肢长。表 5-4 给出了我国人体坐姿尺寸的均值和标准差。

表 5-4　坐姿人体尺寸　mm

测量项目	男性		女性	
	均值	标准差	均值	标准差
坐高	908	30.30	855	27.88
坐姿眼高	798	39.70	739	26.67
坐姿肩高	598	24.85	556	23.03
坐姿肘高	263	21.21	251	21.82
坐姿大腿厚	130	10.91	130	10.30
坐姿膝高	493	22.42	458	20.61
小腿加足高	413	18.18	382	24.24
坐深	457	21.82	433	19.39
臀膝距	554	23.64	529	20.61
坐姿下肢长	992	43.03	912	36.97

（4）人体水平尺寸

人体水平尺寸包括胸宽、胸厚、肩宽、臀宽、坐姿臀宽、坐姿两肘间宽、胸围、腰围、臀围、头围和头全高。表 5-5 给出了我国人体水平尺寸的均值和标准差。

表 5-5　人体水平尺寸　mm

测量项目	男性		女性	
	均值	标准差	均值	标准差
胸宽	280	16.36	260	13.36
胸厚	212	15.75	199	17.58
肩宽	375	18.79	351	18.29
臀宽	306	14.55	317	16.36
坐姿臀宽	321	15.76	344	20.61
坐姿两肘间宽	422	30.91	404	33.94
胸围	867	46.06	825	48.48
腰围	735	51.52	772	68.48
臀围	875	42.42	900	46.06
头围	560	14.55	546	15.77
头全高	223	10.30	216	9.70

（5）各区域的体重、身高、胸围

我国是一个辽阔的多民族国家，不同地区间人体尺寸差别较大。在《中国成年人人体尺寸》(GB 10000—1988)中，将我国成年人人体尺寸按东北、华北地区，西北地区，东南地区，华中地区，华南地区和西南地区来划分。表 5-6 给出了我国各区域成年人的体重、身高、胸围的均值和标准差。

表 5-6　　我国各区域成年人的体重、身高、胸围

项目		东北、华北地区		西北地区		东南地区		华中地区		华南地区		西南地区	
		均值	标准差	均值	标准差	均值	标准差	均值	标准差	均值	标准差	均值	标准差
男	体重/kg	64	8.2	60	7.6	59	7.7	57	6.9	56	6.9	55	6.8
	身高/mm	1 693	56.6	1 684	53.7	1 686	55.2	1 669	56.3	1 650	57.1	1 647	56.7
	胸围/mm	888	55.5	880	51.5	865	52.0	853	49.2	851	48.9	855	48.3
女	体重/kg	55	7.7	52	7.1	51	7.2	50	6.8	49	6.5	50	6.9
	身高/mm	1 586	51.8	1 575	51.9	1 575	50.8	1 560	50.7	1 549	49.7	1 546	53.9
	胸围/mm	848	66.4	837	55.9	831	59.8	820	55.8	819	57.6	809	58.8

(6) 手的测量

手的测量数据包括手掌、手指的长度、宽度、厚度及腕关节的掌屈、背屈、内旋、外旋和以中指为基准的半径侧或挠侧偏移的角度。手的测量数据是设计手操作器的依据。

(7) 脚的测量

脚的测量数据包括脚掌、脚趾的长度、宽度、厚度以及关节背屈、侧转等活动的角度。脚的测量数据是设计脚踏板、脚控制器的长度、宽度和倾斜角的主要依据。和手比，脚的操纵力大，但精度低，活动范围小。

2. 我国成年人的人体功能尺寸

动态测量是在人体从事某种活动的情况下，对运动着的人体进行的测量。动态测量通常包括：

(1) 肢体活动范围

肢体活动范围是指头、肩胛骨、手、臂、腿、小腿、足等部位的活动角度范围，如图 5-1 所示。

固定姿势上部及上肢活动范围，如图 5-2 所示。

(2) 上身及手的空间范围

上身及手的空间范围是指成年男子在立姿、坐姿、单腿跪姿、仰卧时上身及手的可及范围。其中，立姿上身及手的可及范围如图 5-3 所示；坐姿上身及手的可及范围如图 5-4 所示；跪姿上身及手的可及范围如图 5-5 所示；仰卧上身及手的可及范围如图 5-6 所示。

3. 常用人体功能尺寸测量区域

国家标准《工作空间人体尺寸》(GB/T 13547—1992)提供了我国成年人立、坐、跪、卧、爬等常取功能尺寸数据，见表 5-7 和表 5-8，表中数据为裸体测量，使用时应根据实际加以修正。

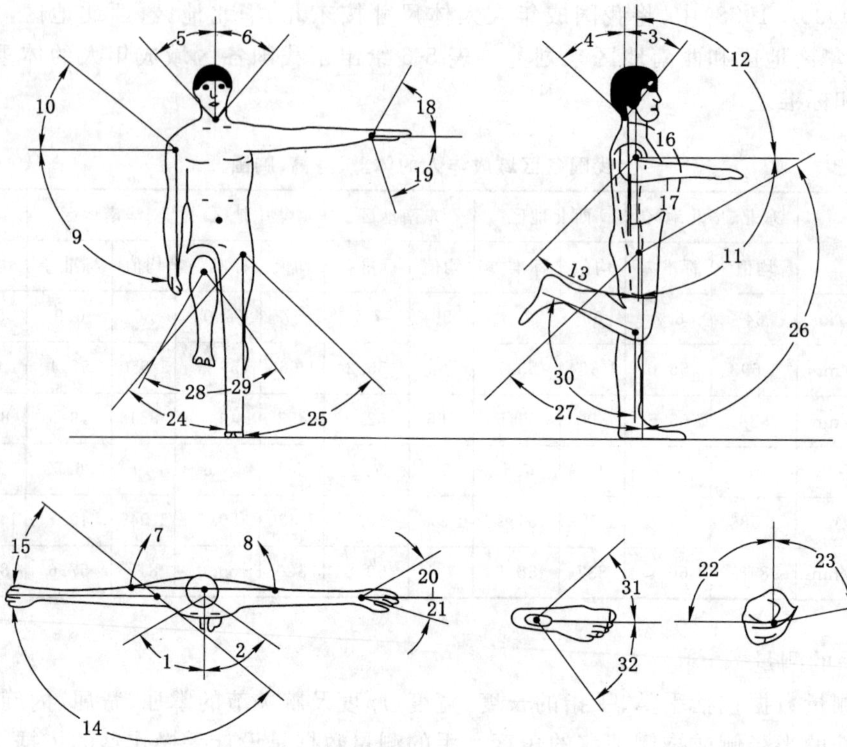

图 5-1 人体肢体活动角度范围

表 5-7　　我国成年人立、坐、跪上肢功能尺寸　　mm

测量项目		男(18～60 岁)			女(18～55 岁)		
		x_5	x_{50}	x_{95}	x_5	x_{50}	x_{95}
立姿	双手上举高	1 971	2 108	2 245	1 845	1 968	2 089
	手功能举高	1 869	2 003	2 138	1 741	1 860	1 976
	手平展宽	1 579	1 691	1 802	1 457	1 559	1 659
	双臂平展宽	1 374	1 483	1 593	1 248	1 344	1 438
	双肘平展宽	816	875	936	756	811	869
坐姿	手前伸长	416	447	478	383	413	442
	手功能伸长	310	343	376	277	306	333
	上肢前伸长	777	834	892	712	764	818
	上肢功能长	673	730	789	607	657	707
	双手上举高	1 249	1 339	1 426	1 173	1 251	1 328

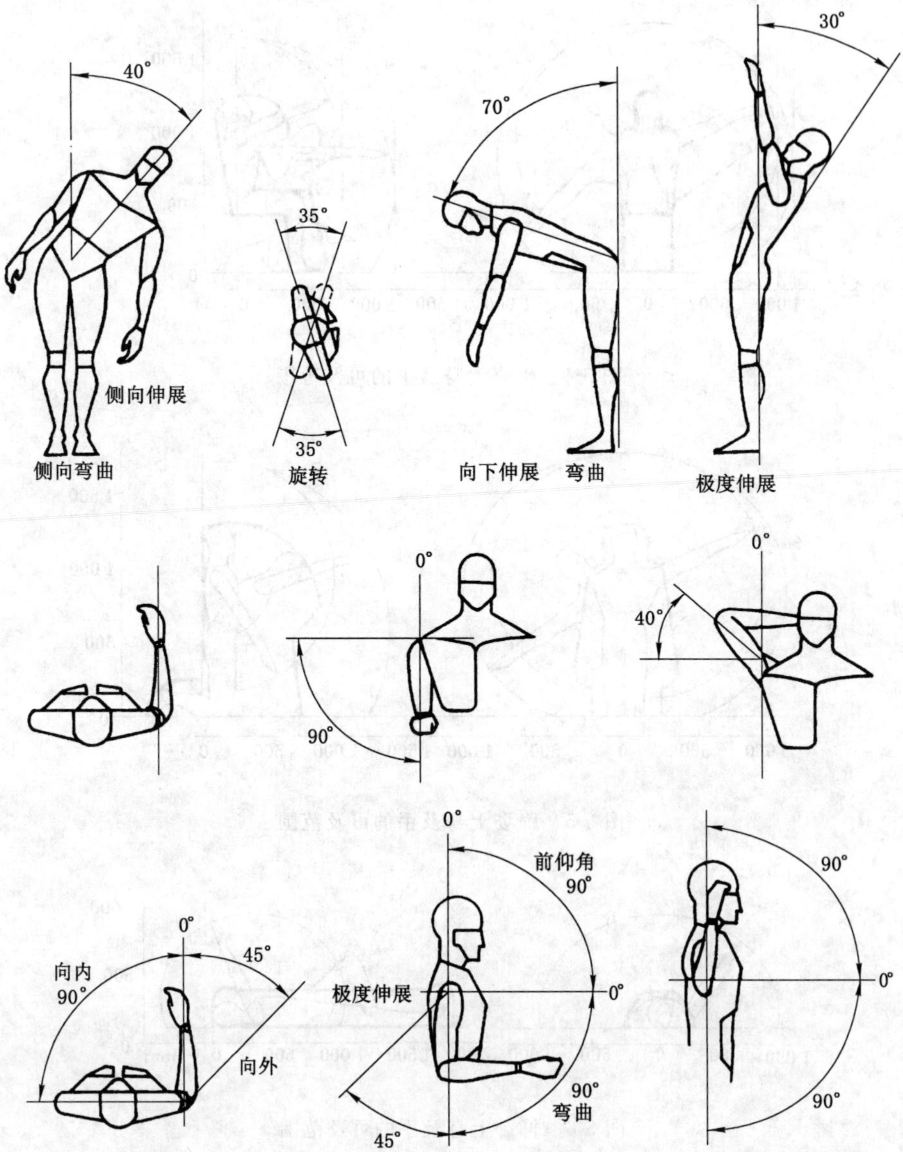

图 5-2　人体固定姿势上部及上肢活动范围

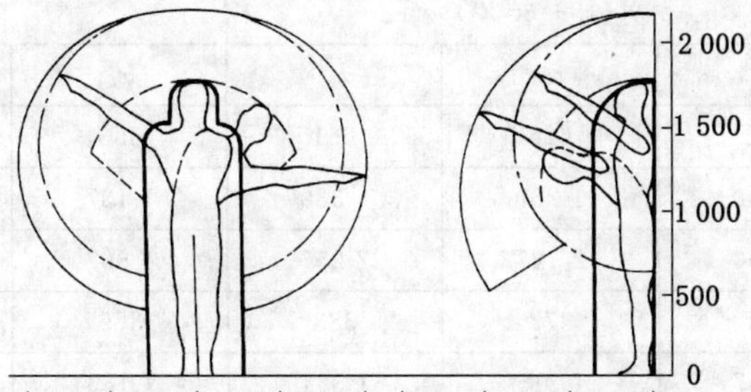

图 5-3　立姿上身及手的可及范围

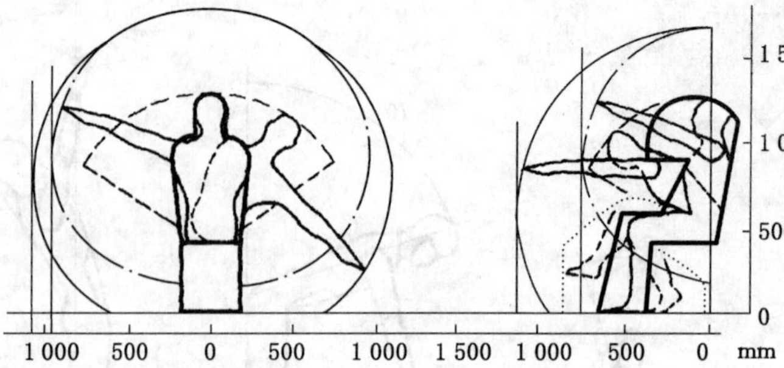

图 5-4　坐姿上身及手的可及范围

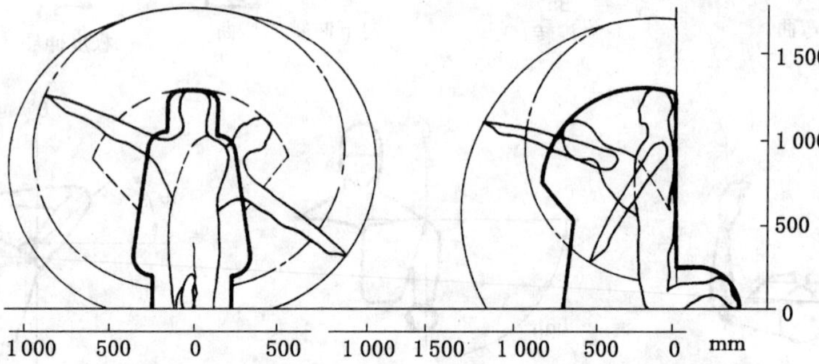

图 5-5　跪姿上身及手的可及范围

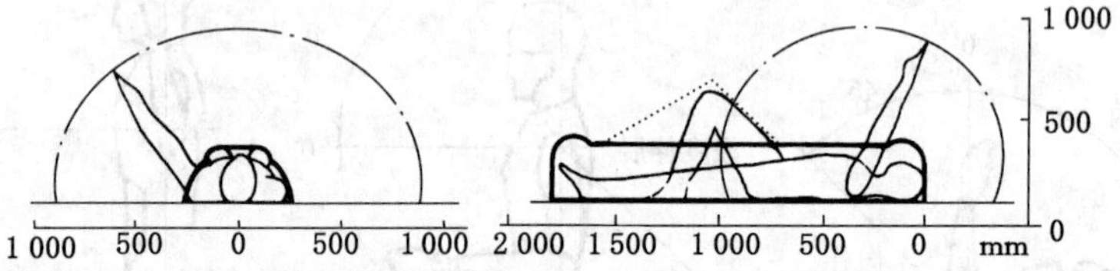

图 5-6　仰卧上身及手的可及范围

表 5-8　　我国成年人卧、爬上肢功能尺寸　　mm

测量项目		男(18～60 岁)			女(18～55 岁)		
		x_5	x_{50}	x_{95}	x_5	x_{50}	x_{95}
跪姿	体长	592	626	661	553	587	624
	体高	1 190	1 260	1 330	1 137	1 196	1 258
仰卧	体长	2 000	2 127	2 257	1 867	1 982	2 102
	体高	364	372	383	359	369	384
爬姿	体长	1 247	1 315	1 384	1 183	1 239	1 296
	体高	761	798	836	694	738	783

（三）作业域测量

作业域是指人在各种作业环境中在某种姿态下，手或脚所能触及的空间范围。通常包括最有利范围、正常范围和最大可及范围。最有利范围是指顺手可及范围，操纵力不大、使用频率高、重要的操作器应该安装于此。正常范围是指手脚正常活动范围，常用、重要的操作器应该安装于此。最大可及范围是指肌体处于最大伸直状态下手脚的活动范围，一般不在此范围安装操作器，但不常用、不重要的操作器可以安装于此。

（1）手的水平作业域，如图 5-7 所示。

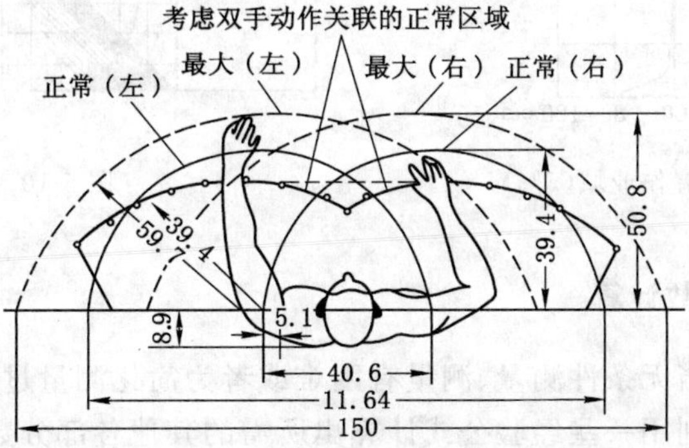

图 5-7　手的水平作业域（单位：cm）

（2）手的竖直作业域（5%，单臂，双臂），如图 5-8 所示。

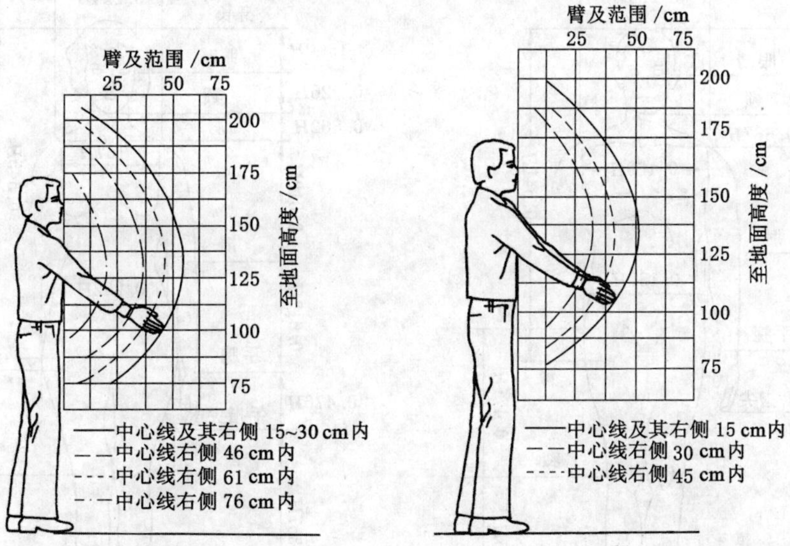

图 5-8　手的竖直作业域（5%，单臂，双臂）

(a) 单臂；(b) 双臂

（3）坐姿抓握作业域（5%），如图 5-9 所示。

（4）脚作业域，如图 5-10 所示。

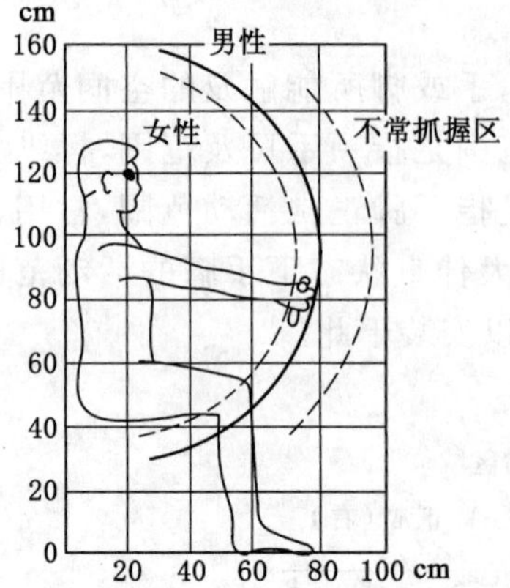

图 5-9 坐姿抓握作业域(5%)

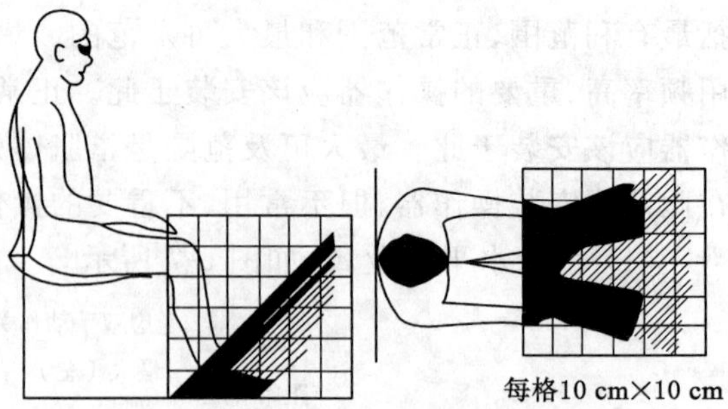

图 5-10 脚作业域

二、人体的主要参数计算

对于需要的数据，当无条件测量、测量有困难或者为简化测量过程，可根据人体的身高、体重等基础测量数据，利用一些经验公式计算出所需的其他各部分数据。

1. 用身高计算人体各部分尺寸

人体各部分尺寸可以根据图 5-11 和表 5-9、表 5-10 进行确定。

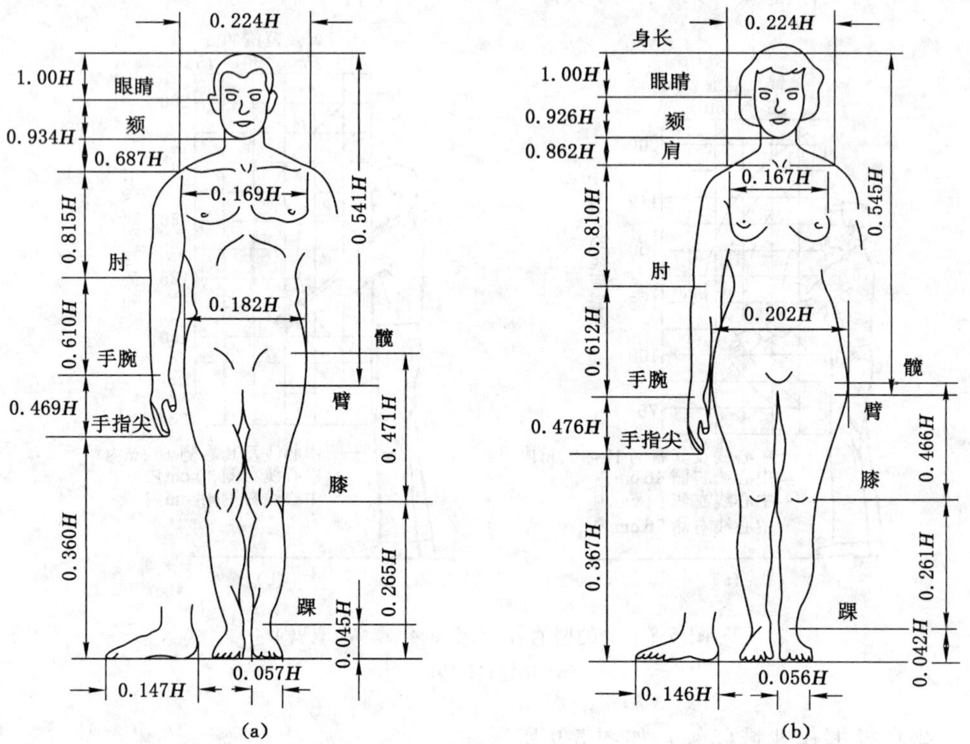

图 5-11 我国成人立姿静态尺寸比例图

(a) 男性；(b) 女性

表 5-9　　立姿静态尺寸与身高的关系

	名　称
人体各部分长度	手掌长 $L_1=0.109H$
	前臂长 $L_2=0.157H$
	上臂长 $L_3=0.1172H$
	大腿长 $L_4=0.232H$
	小腿长 $L_5=0.247H$
	躯干长 $L_6=0.300H$

表 5-10　　坐姿静态尺寸与身高的关系

参数名称	计算公式	参数名称	计算公式
座高	$0.523H$	臀宽	$0.203H$
膝高	$0.311H$	肩宽	$0.229H$
坐姿臀高	$0.249H$	手前举水平距离	$0.462H$
肘关节至椅面高	$0.135H$	坐姿眼高	$0.454H$
臀部至小腿长	$0.280H$	两手平举直线距离	$1.03H$
大腿厚	$0.086H$	座面至肩上举高度	0.795H

2. 用体重计算人体体积、表面积

(1) 人体体积

已知体重 W(kg)后可用下式计算人体体积：

$$V = 1.015W - 4.937\ (\mathrm{L}) \tag{5-5}$$

(2) 人体密度

$$a = W/V\ (\mathrm{kg/L}) \tag{5-6}$$

(3) 人体表面积

① Stevenson 公式

$$S = 0.0061H + 0.0128W - 0.1529\ (\mathrm{m^2}) \tag{5-7}$$

式中　H——身高，cm；

W——体重，kg。

② Bubois 公式

$$S = K_R W^{0.425} H^{0.725} \tag{5-8}$$

式中　K_R——人种常数，中国人取 72.46；

H——身高，cm；

W——体重，kg。

③ 赖氏算法

$$S = 0.0235H^{0.42246} W^{0.051456} \tag{5-9}$$

3. 用身高、体重和体积求其他人体参数

已知身高、体重和体积后，可以计算人体的其他参数，具体的计算公式如表 5-11 所示。

表 5-11　　人体有关参数的计算公式

项目	计算公式	项目	计算公式
人体各部分长度	手掌长 $L_1=0.109H$	人体各部分重心位置	手掌重心位置 $O_1=0.505L_1$
	前臂长 $L_2=0.157H$		前臂重心位置 $O_2=0.430L_2$
	上臂长 $L_3=0.1172H$		上臂重心位置 $O_3=0.436L_3$
	大腿长 $L_4=0.232H$		大腿重心位置 $O_4=0.433L_4$
	小腿长 $L_5=0.247H$		小腿重心位置 $O_5=0.433L_5$
	躯干长 $L_6=0.300H$		躯干重心位置 $O_6=0.660L_6$
人体各部分旋转半径	手掌旋转半径 $R_1=0.587L_1$	人体各部分重量	手掌重量 $W_1=0.006W$
	前臂旋转半径 $R_2=0.526L_2$		前臂重量 $W_2=0.018W$
	上臂旋转半径 $R_3=0.542L_3$		上臂重量 $W_3=0.035\ 7W$
	大腿旋转半径 $R_4=0.540L_4$		大腿重量 $W_4=0.094\ 9W$
	小腿旋转半径 $R_5=0.528L_5$		小腿重量 $W_5=0.042W$
	躯干旋转半径 $R_6=0.830L_6$		躯干重量 $W_6=0.580\ 4W$
人体各部分体积	手掌体积 $V_1=0.005\ 66V$	人体各部分转动惯量	手掌转动惯量 $I_1=W_1\times R_1^2$
	前臂体积 $V_2=0.017\ 02V$		前臂转动惯量 $I_2=W_2\times R_2^2$
	上臂体积 $V_3=0.034\ 95V$		上臂转动惯量 $I_3=W_3\times R_3^2$
	大腿体积 $V_4=0.092\ 4V$		大腿转动惯量 $I_4=W_4\times R_4^2$
	小腿体积 $V_5=0.040\ 83V$		小腿转动惯量 $I_5=W_5\times R_5^2$
	躯干体积 $V_6=0.613\ 2V$		躯干转动惯量 $I_6=W_6\times R_6^2$

三、人体测量数据的应用

本节主要介绍人体测量数据的处理方法。掌握人体测量数据的修正原则和选用原则。

(一) 人体测量数据的选用原则

1. 最大最小原则

对有些不可调节的设计,应该根据具体要求选用最大或最小的人体尺寸。例如,门或通道的最小高度应该选用高百分位身高数据;而抓握物体的可及距离、控制器的位移、显示器与测试点位置、安全防护罩上的空隙等,应选用低百分位的数据。

2. 平均准则

只能用一种中等尺寸供群体使用时(例如,墙壁上的开关高度、门上把手尺寸等),应以第 50 百分位数作为适用的人体尺寸。例如,门把手、锤子的手柄、办公室座椅。

3. 可调性原则

对与健康或疲劳有关的设计,设计优先采用可调性准则设计。例如,汽车座椅的高度、倾角。

4. 地域性原则

在选用人体尺寸和体形时,首先应搞清该尺寸的适用范围,例如,适用的国家、地区、民族、年龄、性别、职业及社会阶层等,否则,盲目选用,设计出的产品适用性较差。

5. 数据更新原则

人体测量数据应用应注意人体尺寸的变化。一方面从事某种工作的劳动人群的身材有变化时，其最佳适应尺寸也应随之改变；另一方面，世界各国人体身高有增加的趋势，近20年来世界各国人体的身高平均每10年增加1 cm，我国的人体身高增加更快。

6．功能修正与最小心理空间相结合的原则

涉及人体尺寸的设计，都要考虑实际活动中人的姿势、动态操作、衣着等需要的设计富余度，在人体尺寸上加适当的修正量，叫产品的最小功能尺寸。

$$x_{\min} = x_\alpha + \Delta f \tag{5-10}$$

式中，$x_{\min}$为产品的最小功能尺寸；x_α为第α百分位人体尺寸；Δf为功能修正量。

为了克服人心理上的空间压抑感、高度恐惧感以及求奇、求美心理，在产品最小功能尺寸上还要加心理修正量，称最佳功能尺寸。

$$x_{\mathrm{opm}} = x_\alpha + \Delta f + \Delta p \tag{5-11}$$

式中，x_{opm}为最佳功能尺寸；x_α为第α百分位人体尺寸；Δf为功能修正量；Δp为心理修正量（实验求得）。

7．标准化原则

设计要遵循国家标准、国际标准。

8．姿势与身材关联原则

设计时要考虑姿势，例如，坐姿的宽度要比立姿大。

9．根据用途合理选择百分位和适用度准则

设计适合多少人使用叫适应度。百分位数的选取要根据产品的用途和适用度来合理选择。常用的有如下几类：

（1）间距类设计选第95百分位数据；

（2）净空高度类设计选第99百分位数据；

（3）可及距离类设计选低百分位数据；

（4）座面高度类设计选低百分位数据；

（5）隔断秘密类设计选高百分位数据；监视隔断类设计、隔离栏设计选低百分位数据；

（6）柜台类设计以肘部高度数据选第5～95百分位数据。

（二）人体尺寸在设计中的应用

（1）确定设计对象的类型和适应度。产品的设计类型如表5-12所示。

表5-12　产品的设计类型

设计类型	产品重要程度	百分位的选择	适应度
Ⅰ型（可调）	安全健康	$x_1 \sim x_{99}$	98%
	一般用途	$x_5 \sim x_{95}$	90%
ⅡA型（最大）	安全健康	x_{99}或x_{95}	99%或95%
	一般用途	x_{90}	90%
ⅡB型（最小）	安全健康	x_1或x_5	99%～95%
	一般用途	x_{10}	90%
Ⅲ型（平均）	一般用途	x_{50}	通用
成年用品	一般用途	高～低	通用

(2) 根据适用度选择百分位(特殊设计其适应度另行规定);

(3) 根据设计裕度确定功能修正量,为了心理感受,可以根据实验确定心理修正量;

(4) 确定产品的功能尺寸。

产品的最小功能尺寸,见式(5-10)。产品的最佳功能尺寸,见式(5-11)。

例 2:请按照人机学的原理设计适合普通中国人使用的住宅门的最佳净空高度。要求适用度为 99%,已知中国男性身高的平均值为 1 678 mm,标准差为 59.93 mm,中国女性身高的平均值为 1 570 mm,标准差为 52.12 mm,变换系数为 2.326,鞋厚为 26 mm,假设人头顶无压迫感的心理修正量为 168 mm。

解:住宅门的最佳净空高度属于最大型设计,当适用度为 99%,则应该选第 99 百分位身高参数,根据 $x_\alpha = \overline{x} + kS$ 得:

$$x_{99} = 1\,678 + 2.326 \times 59.53 = 1\,817.39\ (\text{mm})$$

考虑鞋厚,功能修正量取 26 mm,所以最小功能尺寸为:

$$x_{\min} = x_{99} + \Delta f = 1\,817.39 + 26 = 1\,843.39\ (\text{mm})$$

考虑人头部无压迫感,心理修正量取 168 mm,所以最佳功能尺寸为:

$$x_{\text{opm}} = x_{\min} + \Delta p = 1\,843.39 + 168 = 2\,011.39\ (\text{mm})$$

例 3:设计适用于中国男人的固定座椅面高。

固定座椅面的一般设计原则:

① 适当的座高应使大腿保持水平,小腿垂直,双脚平放于地面。

② 座面过高则小腿悬空时,大腿受椅面前缘压迫,使坐者感到不适,长时间这样坐着血液循环受阻,小腿麻木肿胀。因此,固定座高一般按低身材人群设计。

③ 座面太低则骨盆后倾,正常的腰椎曲线被拉直,致使腰酸不适。

解:固定座椅面高属于最小型设计,如果适用度为 95%,则应该选第 5 百分位参数,查表得小腿加足高 $x_5 = 383$ mm。

考虑鞋厚等因素,功能修正量可以取 28 mm。所以最小功能尺寸:

$$x_{\min} = x_\alpha + \Delta f = 383 + 28 = 411\ (\text{mm})$$

(三)身高在设计中的应用

为了简化设计,各种工作面的高度、通道、家具、操作台的高度常根据身高确定。图5-12为身高与摸高的关系。

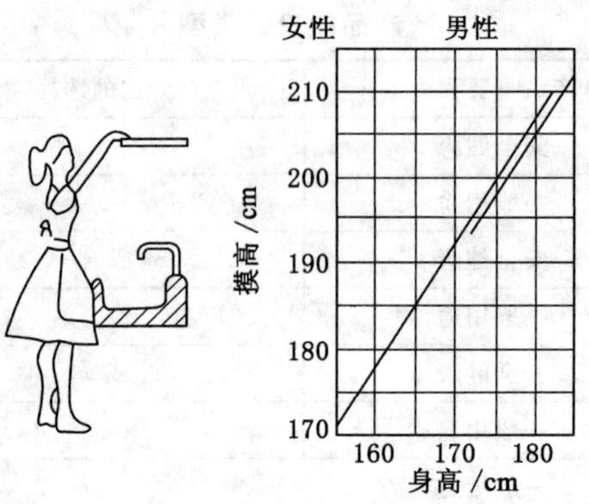

图 5-12　设备及用具的高度与身高的关系

(1) 举手达到的高度为 4/3 身高；
(2) 可随意取放东西的搁板高度(上限值)为 7/6 身高；
(3) 倾斜地面的顶棚高度(最小值,地面倾斜度为 5°～15°)为 8/7 身高；
(4) 楼梯的顶棚高度(最小值,地面倾斜度为 25°～35°)为 1/1 身高；
(5) 遮挡住直立姿势视线的隔板高度(下限值)为 33/34 身高；
(6) 直立姿势眼高为 11/12 身高；
(7) 抽屉高度(上限值)为 10/11 身高；
(8) 使用方便的搁板高度(上限值)为 6/7 身高；
(9) 斜坡大的楼梯的天棚高度(最小值,倾斜度为 50°左右)为 3/4 身高；
(10) 能发挥最大拉力的高度为 3/5 身高；
(11) 人体重心高度为 5/9 身高；
(12) 采取直立姿势时工作面的高度为 6/11 身高；
(13) 坐高(坐姿)为 6/11 身高；
(14) 灶台高度为 10/19 身高；
(15) 洗脸盆高度为 4/9 身高；
(16) 办公桌高度(不包括鞋)为 7/17 身高；
(17) 垂直踏棍爬梯的空间尺寸(最小值,倾斜 80°～90°)为 2/5 身高；
(18) 手提物的长度(最大值)为 3/8 身高；
(19) 使用方便的搁板高度(下限值)为 3/8 身高；
(20) 桌下空间(高度的最小值)为 1/3 身高；
(21) 工作椅的高度,轻度工作的工作椅高度为 3/13 身高；
(22) 小憩用椅子高度为 1/6 身高；
(23) 桌椅高差为 3/17 身高；
(24) 休息用的椅子高度为 1/6 身高；
(25) 椅子扶手高度为 2/13 身高；
(26) 工作用椅子的椅面至靠背点的距离为 3/20 身高。

例 4:某公司欲制造一批可调节扶手椅在美国销售,假设使用者全都是成年男性,试求出椅面的可调节范围尺寸(单位:cm)。

解:设适用度为 90%。

美国男性的平均身高为 175.5 cm,标准差为 7.2 cm,因此:

第 5 百分位身高:

$$x_5 = 175.5 - (7.2 \times 1.645) = 163.656\ (\text{cm})$$

第 95 百分位身高:

$$x_{95} = 175.5 + (7.2 \times 1.645) = 187.344\ (\text{cm})$$

方法 1:根据“小腿加足高”计算公式 $S=0.249H$,美国男性第 5 百分位身高的坐平面高:

$$0.249 \times 163.7 = 40.8\ (\text{cm})$$

第 95 百分位身高的坐平面高:

$$0.249 \times 187.3 = 46.6\ (\text{cm})$$

因此,可调节范围是40.8～46.6 cm,约6 cm。

方法2:第5百分位身高的坐平面高:

$$163.7\times3/13=37.8\ (\text{cm})$$

第95百分位身高的坐平面高:

$$187.3\times3/13=43.2\ (\text{cm})$$

因此,可调节范围是37.8～43.2 cm,约5 cm。

第二节　作业空间的设计

一、作业空间的概念

(1) 作业空间

在工作系统中,人、机、环境三个基本要素都占用一定的空间,并有机地结合在一起。这些空间的总和,叫作业空间。

(2) 个体作业空间分类

① 作业接触空间

人体在规定的位置上进行作业时(例如,操作机器、维修设备等),必须触及的空间,即作业接触空间。人们为完成劳动任务的大部分工时主要在这个范围内度过。

② 作业活动空间

人体在作业时或进行其他活动时(例如,进出工作岗位、在工作岗位进行短暂的放松与休息等),人体自由活动所需要的范围,即作业活动空间。

③ 安全防护空间

为了保障人体安全,避免人体与危险源(例如,机械转动部位等)直接接触所需要的空间叫安全防护空间。

二、作业空间设计原则

为了使作业空间设计得既经济合理,又能给作业人员的操作带来舒适和方便,作业空间设计应遵守以下原则:

(1) 根据生产任务和作业要求,考虑总体布局和局部协调

首先应总体考虑生产现场的总体布局,避免在某个局部的空间内安排得过于密集,造成劳动负荷过大。然后再进行各局部之间的协调。

(2) 着眼于人,落实于设备

一个优良的作业空间或作业场所,必须使得作业者能方便而迅速完成作业,同时也可以使作业者工作起来安全可靠、舒适方便。作业空间设计要以人为中心,充分考虑空间里人的需求,创设安全、舒适、经济、技术先进、高效的作业空间;工作过程中所需要的工具,控制装置和显示器等的布置既要紧凑,又要容易区分,四肢分担的工作负荷要合理,适合工作群体中不同个体的使用。

(3) 考虑人的活动特性

考虑人的活动特性时,必须考虑人的认知特点和人体动作的自然性、同时性、对称性、节

奏性、规律性、经济性和安全性。保证90%的人具有适应性、兼容性、可操作性和可达性。

三、作业姿势

生产活动中常见的作业姿势一般可以分为坐姿、立姿、坐立交替姿势、卧姿和蹲姿等。

(一) 作业姿势的作用及选择原则

1. 作业姿势的作用

正确的人体姿势和体位可以减少静态疲劳，有利于人的身体健康和工作质量，并提高劳动生产率。反之，作业姿势不舒适，就会导致过分的疲劳，年长日久，可能引起劳损(例如，驼背、腰肌劳损和肩肘腕综合征等)，成为职业病的起因。

2. 常见不正确的姿势

(1) 站着不动的姿势(特别对女性)；

(2) 长期地或经常重复地弯腰(指脊背弯曲角超过15°)；

(3) 躯干扭曲并倾斜的姿势或半坐姿势；

(4) 经常重复地单腿支撑的姿势；

(5) 手臂长时间前伸直或伸开等。

3. 作业姿势的选择原则

(1) 工作场地的大小、照明条件与视觉；

(2) 体力负荷的大小及用力方向；

(3) 工作场所各种物质(包括必需的工具、加工材料等)的安放位置；

(4) 控制台或工作台的台面高度，有无合适的容膝空间；

(5) 作业时起坐的频率。

(二) 坐姿作业空间

1. 坐姿作业的特点

坐姿可免除站立时人体的足踝、膝部、臀部和脊椎等关节部位受到静肌力，减少人体能耗，消除疲劳，而且比站立更有利于血液循环，有利于保持身体的稳定；在脚操作场合，坐姿能够保持身体处在稳定的姿势。

最合理的作业姿势是坐姿作业。因此，必须坐着工作的，就一定要保证坐着工作。可以坐着工作的，就应该争取坐着工作。如以下几种作业宜采用坐姿：

(1) 持续时间较长的静态作业。坐姿时，支持身体的力较小，腿上消耗的能量和负荷较小，血液循环畅通，可减少疲劳和人体能量的消耗。

(2) 精密度要求高而又要求仔细的作业。坐姿时，当设备振动或移动，人体有较大的稳定度和平衡度。

(3) 需要手足并用，并对一个以上踏板进行控制的作业。坐姿时，双脚容易移动，且可借助座椅支撑对脚控制器施以较大力量。

2. 坐姿作业空间设计

坐姿作业空间设计主要包括工作台、工作座椅、人体活动余隙和作业范围等的尺寸和布局等，坐姿作业设计用到的人体参量如表5-13所示。

(1) 坐姿工作面的高度

表 5-13　　坐姿作业空间设计参数　　mm

符号	人体测量项目	男	女	男女混合	男子百分位数			女子百分位数		
					第 5	第 50	第 95	第 5	第 50	第 95
B	坐姿身高	958	901	958	858	908	958	809	855	901
D	坐姿眼高	749	695	695	749	793	847	695	739	783
F	坐姿肩高	557	518	518	557	598	641	518	556	594
G	胸厚	245	239	245	186	212	245	170	199	239
H	坐姿肘间宽	371	348	348	371	422	489	348	404	478
I	坐姿大腿厚	151	151	151	112	130	151	113	130	151
J	前臂前展长	323	292	292	323	351	378	292	318	345
K	上肢前展长	612	554	554	612	664	716	554	602	653
M	坐姿肘高	298	284	298	228	263	298	215	251	284
N	坐姿窝高	448	405	448	383	413	448	342	382	405

注：① J、K 为推算值，其余为实测值。

② 着装时的修正值为：男高、眼高、肩高、肘高加 6 mm，穿鞋时再加 30 mm，胸厚加 10 mm，肩宽加 14 mm，臂膝距加 20 mm。

③ 身体放松坐姿修正值为：身高、眼高减 44 mm。

坐姿工作面的高度由人体参数和作业性质决定。

从人体参数来说，坐姿工作面的高度一般用坐面高度加 1/3 坐高或坐姿肘高减 25 mm 来确定工作面高度。

一般固定的工作面高度是按照坐高或坐姿肘高的第 95 百分位数值设计的。对于这种固定的工作面，在工作面高度不适合某些人的身高时，可以正确选择坐面和脚垫（踏板）的最佳高度来调整。

从作业性质来说，作业需要的力越大，则工作面高度就应越低；作业要求视力越强，则工作面的高度就应该越高。

① 对视力强度、手臂活动精度和灵巧性要求很高的作业，例如，钟表组装，台面高度一般选为 880±20 mm，眼睛到被观察物体的距离为 120～250 mm，能区分直径小于 0.5 mm 的零件。

② 对视力强度要求较高的工作，例如，微型机械和仪表的组装，精确复制和画图等，台面高度一般选为 840±20 mm，眼睛到被观察物体的距离为 250～350 mm，能区分直径小于 1 mm 的零件。

③ 一般的作业要求，例如，一般的钳工、坐着的办公工作等，台面高度一般为 740±20 mm，眼睛到被观察物体的距离小于 500 mm，能区分直径小于 10 mm 的零件。

④ 精度要求不高、需要较大力气才能完成的手工作业，例如，包装、大零件安装、打字机上打字等，台面高度一般为 680±20 mm，作业者眼睛到被观察物体的距离大于 500 mm。

⑤ 视力要求不高的作业，例如，操作机械等，台面高度一般为 600±20 mm，作业者眼睛到被观察物体的距离大于 400 mm。

如果工作面可调，图 5-13 给出了工作面高度与身高和作业活动性质的关系。

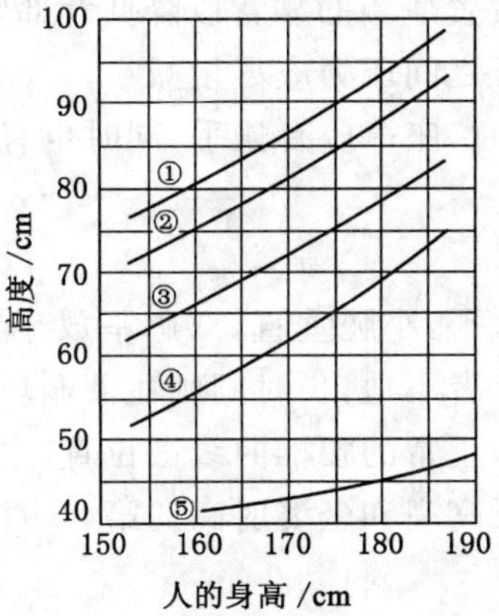

图 5-13　工作面高度与身高和作业活动性质的关系

工作面宽度视作业功能要求而定。单供肘靠之用，最小宽度为 100 mm，最佳宽度为 200 mm；仅当写字面用，最小宽度为 305 mm，最佳宽度为 405 mm；作办公桌用，最佳宽度为 910 mm；作实验台用，视需要定。为保证大腿容隙，工作面板厚度一般不超过 50 mm。

(2) 容膝空间

在设计坐姿用工作台时，必须根据脚可达到区在工作台下部布置容膝空间，以保证作业者在作业过程中，腿脚能有方便的姿势。具体尺寸如表 5-14 所示。

表 5-14　　容膝尺寸　　mm

符号	尺度部位	尺　寸	
		最小	最大
A	容膝孔宽度	510	1 000
B	容膝孔高度	640	680
C	容膝孔深度	460	660
D	大腿空隙	200	240
E	容腿孔深度	660	1 000

(3) 座椅的设计

坐姿改变了以脚支撑全身的状况，有利于发挥脚的作用。但是如果座椅设计不合理，会导致坐姿不正确，会给身体带来损害。座椅设计应使工作者舒适、方便、减少疲劳和提高工效等。

① 座椅设计的一般原则

座椅设计要充分考虑对人的生理影响，应遵循以下原则：

A. 座椅的形式、尺度与其功用（工作、休闲）有关。

B. 座椅的尺度必须根据人体测量学数据设计。

C. 座椅应能够支撑身体，以避免不良的姿势，身体的重量能够均衡地分布在椅面上，身体的主要重量应由臀部坐骨结节承担，椅垫必须有足够的垫料和适当的硬度，使其有助于体重压力均匀地分布于坐骨结节区域。

D. 腰椎下部应提供支承，设置适当的靠背以降低背部紧张度。

E. 座椅前缘处，大腿与椅子之间压力应尽量减小。

F. 在不影响手的个别动作时，座椅应有扶手，同时也有脚踏板。

② 座椅的尺寸设计

A. 座面高度

适当的座高应使大腿保持水平，小腿垂直，双脚平放于地面。座面不能过高，否则小腿悬空时，大腿受椅面前缘压迫，坐者不适，长时间则血液循环受阻，小腿麻木肿胀。座面亦不能太低，否则腿长的人骨盆后倾，正常的腰椎曲线被拉直，致使腰酸不适。

工作椅面高度应根据坐姿腘窝高和坐姿肘高的第 95 百分位设计，矮身材人可通过脚踏板（脚垫）调整。

按我国人体尺寸，椅面高度宜取 420±20 mm。座椅最好设计成高度可调，以适应不同身材操作者需要，调节范围为工作台下 270～290 mm，此时上半身操作姿势最方便。

B. 座深

正确的设计应使臀部得到全面的支撑，腰部得到靠背的支撑，座面前缘与小腿间留有适当距离，保证小腿可自由活动，为适应绝大多数使用者，座深应按较小百分位的群体设计，这样身材矮小者坐着舒适，身体高大的人只要小腿能得到稳定的支持，也不会在大腿部位引起压力疲劳。坐深应按 350～400 mm 选取。

座椅放置的深度距离（工作台边缘至固定壁面的距离），至少应在 810 mm 以上，以便容易向右移动椅子，方便作业者的起立与坐下。

C. 座宽

座宽必须能容纳身材粗壮的人。对单人使用的座椅，参考尺寸是臀宽，以女性群体尺寸上限为设计根据，对成排相邻放置的座椅，例如，剧场观众椅，则座宽应以肘间距的群体上限位为设计基准，以避免拥挤压迫感。

座宽亦不能太大，例如，长时间坐姿作业，双臂应得到应有的支承，如座宽太大，则肘部必须向两侧伸展以寻求支承，这样会引起肩部疲劳。一般可取 400～500 mm。

D. 座面倾角

休息椅座面倾角大，有利于身心松弛，大座面倾角与靠背倾角构成近于平躺的休息姿势。

对工作座椅而言，因作业空间一般在身体前侧，例如，座面过分后倾，脊椎因身体前屈作业而会被拉直，破坏正常的腰椎曲线，形成一种费力的姿势，因此倾角不能太大，一般为 3°以下。

E. 靠背的高和宽

人体背部处于自然形态时最舒适，此时腰椎部分前凸，座椅设计要从座面与靠背之间的角度和适当的腰椎支持来尽力保证。成年人腰椎部中心位置约在座位上方 23～26 cm 处，腰椎支点应略高于此尺度，以支持背部重量。靠背可分为腰靠和肩靠，作业场所的座椅大部分属于腰靠。靠背的最大高度可达 480～630 mm，最大宽度 350～480 mm。支撑腰部以下的骶骨部分能增加舒适感，靠背下沿与座面之间最好留有一定的空间（70～80 mm 以上），以容纳向后挤出的臀部肌肉。靠背的横截面可以是一个半径大于 1 000 mm 的圆弧。

F. 靠背与座面夹角

靠背与座面夹角若小于 90°，则腹部受压迫；夹角太大，会降低人的警觉状态。一般可取 95°～105°。

G. 坐垫高度

人体在坐姿状态下，与座面紧密接触的实际上只是臀部的两块坐骨结节，其上只有少量的肌肉，人体重的 75％左右由约 25 cm^2 的坐骨周围的部位来支承，这样久坐足以产生压力疲劳，导致臀部痛楚麻木感。测试研究表明，坐于座垫上的臀部压力值大为降低，而接触支承面积也由 900 cm^2 增大到 1 050 cm^2，使压力分散。椅垫的另一优点是能使身体采取一种较稳定的姿势，因为身体可以适应地陷入坐垫。

一般坐垫的高度是 25 mm。太软太高的坐垫，易造成身体不稳，反易产生疲劳。

H. 扶手高度

扶手的主要功用是使手臂有所依托，减轻手臂下垂重力对肩部的作用，使人体处于较稳定的状态。它也可以作为起身站立或变换坐姿的起点。扶手不能太高，否则迫使肘部抬高，肩部与颈部肌肉拉伸；但如过低则实际上使臂部得不到支撑，或者躯干必须偏斜，以寻求一侧的支承。休息扶手高度一般取 200～230 mm，两扶手的间距可取 500～600 mm，运输工具中两扶手间距可取 400～500 mm。

工作座椅的扶手至侧面固定壁面的距离最小为 610 mm，以利作业者自由伸展胳膊等。

(4) 坐姿作业域

① 水平面作业域

指人坐在工作台前，以肩峰点为轴心，在水平面上运动手臂形成的轨迹范围。

为适应至少 90％以上的人群，肩峰点位置由 1/2 胸厚 g（取第 95 百分位数）和 1/2 肩宽 h（取第 5 百分位数）的交点确定。具体参数见图 5-14。

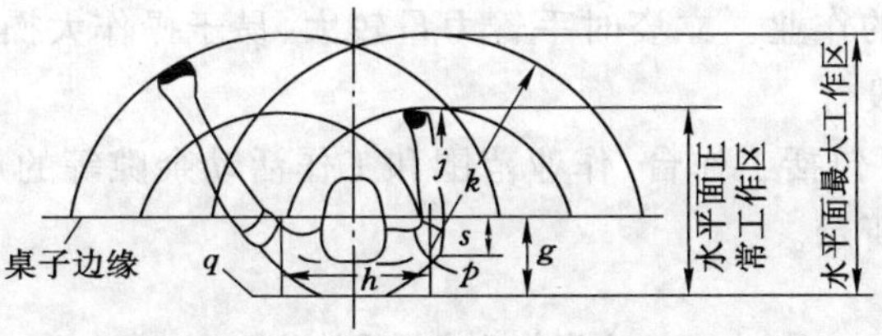

图 5-14　坐姿作业范围水平布局设计

A. 最大平面作业域

手向外伸直画成的圆弧范围称最大平面作业范围。主要由上肢前展长 k 决定。台面上最远点的距离为 600 mm。具体参数见图 5-15。

B. 正常平面作业域

手臂自然弯曲画成的圆弧范围为正常平面作业范围，主要由前臂前展长 j 决定。台面上最远点的距离为 400 mm。k 和 i 均取第 5 百分位数。具体参数见图 5-15。

② 垂直面作业域

垂直面作业范围是上肢以肩峰点为轴心，在矢状面内上下运动手臂所形成的轨迹范围。垂直面中的肩峰点位置，由坐姿肩高 f（取第 5 百分位数）确定。具体参数见图 5-15。

③ 坐姿空间作业域

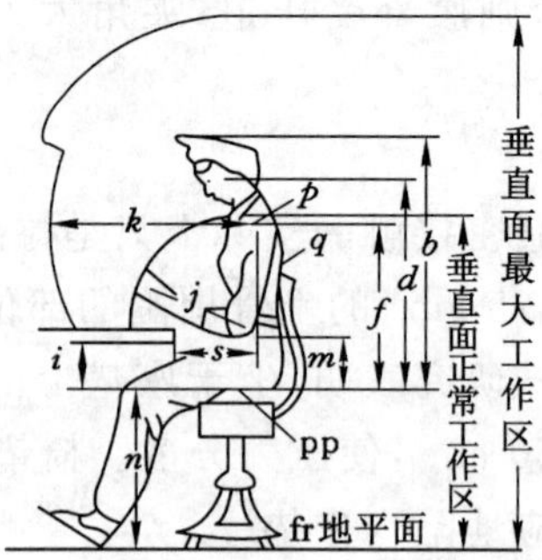

图 5-15　坐姿作业范围垂直布局设计

由水平面作业域和垂直面作业域构成了坐姿空间作业域，其舒适区域介于肩与肘之间，此时，手臂的活动路线最短最舒适，能迅速而准确地进行操作。

（三）立姿作业空间

1. 立姿作业的特点

① 优点：作业者可变换位置，减少疲劳和厌烦，无须任何容膝空间等。

② 缺点：不易进行精确而细致的工作；不易转换操作；立姿时支持体重，易引起疲劳；下肢负担较重，长期站立易引起下肢静脉曲张等。

宜采用立姿的作业：

① 需要经常改变体位的作业。立姿时消耗能少些。

② 常用的控制器分布在较远区域、需要手足有较大运动幅度的作业。立姿时作业者可以走动，可以看见或使用坐姿作业者够不到的部件。

③ 需要用力较大的作业。立姿时手臂力量较大，易于操作大操作杆。

2. 立姿作业空间设计

立姿作业空间主要包括工作台、作业范围和工作活动余隙等的尺寸和布局，其设计用到的人体参量如表 5-15 所示。

表 5-15　　立姿作业空间设计参数　　mm

符号	人体测量项目	男	女	男女混合	男子百分位数			女子百分位数		
					第 5	第 50	第 95	第 5	第 50	第 95
A	身高	1 775	1 659	1 775	1 583	1 678	1 775	1 484	1 570	1 659
C	眼高	1 486	1 371	1 371	1 474	1 568	1 664	1 371	1 454	1 541
E	肩高	1 281	1 195	1 195	1 381	1 367	1 455	1 195	1 271	1 350
G	胸厚	245	239	245	186	212	245	170	199	239
H	肘间宽	371	348	348	371	422	489	348	404	478
J	前壁前展长	323	292	292	323	351	378	292	313	345
K	上肢前展长	612	554	554	612	664	716	554	602	653
L	肘高	1 096	1 023	1 096	954	1 024	1 096	899	960	1023

注：① J、K 为推算值，其余为实测值。② 身高、眼高、肩高、肘高修正值加 30 mm。③ 身体放松站立修正值为：身高、眼高等减 19 mm。④ 着装时的修正值为：胸厚加 10 mm，以工代臂膝距加 20 mm。

(1) 立姿工作面的高度

立姿工作面的高度主要由人体尺寸和作业性质等因素决定。立姿工作面高度应按身高和肘高的第 95 百分位数设计。对男女共用的工作面高度按男性的数值设计。

从作业性质来说,作业需要的力越大,则工作面高度就应越低;作业要求视力越强,则工作面的高度就应该越高。

① 精密工作,靠肘支承的工作(例如,书写、画图等),台面高度为 1 050～1 150 mm。

② 虎心钳固定在工作台上的高度为 1 130 mm。

③ 要求灵巧的工作,轻手工工作(例如,包装、安装等),台面高度为 950～1 000 mm。

④ 要求用力大的工作(例如,刨床、重钳工等),台面高度为 800～950 mm。工作面的宽度视需要而定。

(2) 工作活动余隙

活动余隙一般应满足以下要求:

① 站立用空间

站立用空间(作业者身前工作台边缘至身后墙壁之间的距离),不得小于 760 mm,最好能达到 910 mm 以上。

② 身体通过的宽度

身体通过的宽度(身体左右两侧间距),不得小于 510 mm,最好能保证在 810 mm 以上。

③ 身体通过的深度

身体通过的深度(在局部位置侧身通过的前后间距),不得小于 330 mm,最好能满足 380 mm。

④ 行走空间宽度

行走空间宽度(供双脚行走的凹进或凸出的平整地面宽度),不得小于 305 mm,一般须在 380 mm 以上。

⑤ 容膝容足空间

立姿作业虽不需要容膝容足空间,但提供了容膝容足空间,可以使作业者站在工作台前能够曲膝和向前伸脚。一方面站着舒适,另一方面使身体可能靠近工作台,扩大上肢在工作台上的可及深度。容膝空间最好有 200 mm 以上,容足空间最好达到 150 mm×150 mm 以上。

⑥ 过头顶余隙

一般过头顶余隙(地面至顶板的距离)就是房高,有的是在机器旁建的操作控制室高度。如果过头顶余隙过小,就产生压迫感,影响作业的耐久性和正确性。过头顶余隙最小应大于 2 030 mm,最好在 2 100 mm 以上,在此高度下不应有任何构件通过。

(3) 临时座位

立姿工作容易疲劳。条件允许时,应提供临时座位供作业者工间短时休息。临时座位不应该影响立姿作业自由走动和操作。

(4) 立姿作业域

立姿作业的水平面作业域与坐姿时相同,垂直面作业域的设计如图 5-16 所示。

确定垂直面作业域的肩峰点由肩高 e 的第 5 百分位数、1/2 胸厚 g 的第 95 百分位数和 1/2 肩宽 h 的第 5 百分位数共同决定。和坐姿一样,为了使作业范围适应 90%以上的人群,上肢前展长 k、前臂前展长 j 和站姿眼高 c 均取第 5 百分位数。这样,立姿时最大作业范围

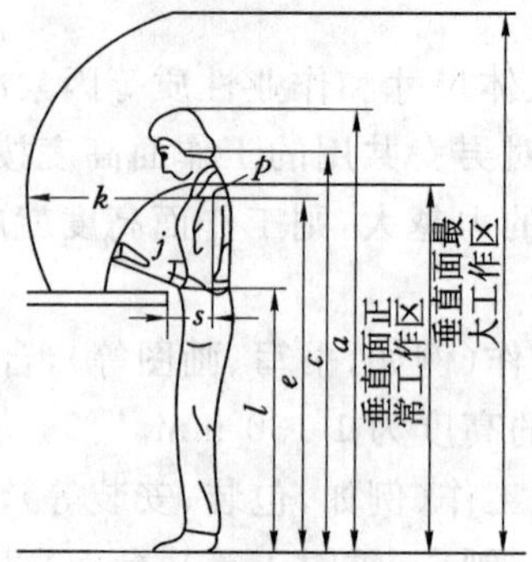

图 5-16 立姿作业范围垂直布局设计

的最高点由($e+k$)确定。舒适作业范围的最高点由($l+k$)确定。

(四) 坐立姿交替作业空间

1. 坐立姿交替作业的特点

为了克服坐姿、立姿作业的缺点,在工作岗位上经常采用坐立姿交替作业的方式。这种作业方式的优点是能使作业者在工作中变换体位,从而避免由于身体长时间处于一种体位而引起的疲劳。例如,长时间的坐姿作业会引起心理性疲劳,改成立姿适当走动,有助于维持工作能力,而长时间的立姿作业会产生肌肉疲劳,改成坐姿就可以消除。

2. 坐立姿交替作业空间布局设计

坐立姿交替作业空间设计时人体参量与选用原则是:在设计立姿作业空间的人体测量项目参数的基础上,增加了坐姿腘窝高 n 和大腿厚 i 这两个坐姿作业的设计参数。布局设计如图 5-17 所示。

图 5-17 坐立姿交替作业垂直面布局

(1) 工作面高度

坐立交替作业的工作面高度及水平面和垂直面的最大作业范围和舒适作业范围,均与单独采用立姿作业的设计结果相同。

(2) 工作座椅的坐面高

坐立交替作业的坐面高不同于坐姿作业时的坐面高。它是由立姿时的工作面高度减去工作台面板厚度和大腿厚度 i 的第 95 百分位数所确定的。

(3) 座椅的注意事项

① 椅子应该可移动，以便在立姿操作时可将它移开。

② 椅子高度应该可调，以适应不同身高者的需要。

③ 坐姿作业时应提供脚垫，否则，会因工作座椅坐面过高，造成座面前缘压迫大腿。踏板中心位置高度应为座面高度减去坐姿腘窝高 n 的第 95 百分位数。若踏板高度可调，可调范围取 20～230 mm。

（五）其他姿势的作业空间

当工人进入设备和管路布置区域或进入设备和容器的内部维修时，由于空间的限制，作业人员往往只能采取蹲姿、跪姿和卧姿等。因此必须在设备设计和布局时预留所需空间。所需空间具体包括两个方面，一是检修通道；二是其他姿势最小作业空间。

1. 检修通道

进行维修首先要解决到达检修点的可达性问题，既根据可能的通行姿势设计合理的检修通道。

检修通道应采用最容易使所需的零部件、人的身体、工具等顺利通过的形状。在确定具体尺寸时，应考虑人体携带零部件和工具所需的工作余隙，还应考虑操作人员在通道内的视觉要求。

检修通道应位于正常安装时易于接近的设备表面或直接进入最便于维修的地方。同时应处于远离高压电或危险转动部件的安全区。否则应采取有效的安全措施。

一般设置一个大的检修通道，比设置多个小的检修通道好。各种通行方式的最小空间尺寸与人体形态尺寸有关，具体要求见表 5-16。

如果维修作业中，只需用手或手指伸入某个区域内部，这时，必须在设备上设计出最佳轮廓外形的检查孔、检查窗或开门等。

表 5-16　　人体形态尺寸对各种通行方式的最小空间尺寸要求　　mm

序号	通行方式	尺度	尺寸		
			最小	最好	着防寒服
1	单人正面通过	宽×高	560×1 600	610×1 860	810×1 910
2	双人并行通过	宽×高	1 220×1 600	1 370×1 860	1 530×1 910
3	双人侧身通过	宽×高	760×1 600	910×1 860	910×1 910
4	方形垂直入口	边长×边长	459×159	560×560	810×810
5	圆形垂直入口	直径	$\phi560$	$\phi610$	
6	矩形水平入口	宽×高	535×380	610×510	810×810
7	圆形爬行管道	直径	$\phi635$	$\phi760$	$\phi810$
8	方形爬行管道	边长×边长	635×635	760×760	810×810

2. 其他姿势最小作业空间尺寸

维修设备时，若检修点的作业空间不能使人的肢体施展，就会以不合理的方式用力，损伤肌肉骨骼组织，或因把持不住工具、零部件等而造成物体失落，因此必须解决在各检修点的可操作性问题，即考虑最小作业空间尺寸。

全身进入的各种姿势所需的最小作业空间尺寸，应根据有关人体测量项目的第 95 百分位数进行设计，具体尺寸如表 5-17 所示。

表 5-17　　其他姿势的最小作业空间　　mm

作业姿势	尺度标记	尺寸		
		最小值	选取值	着防寒服时
蹲坐作业	高度	120		130
	宽度	70	92	100
屈膝作业	高度	120		130
	宽度	110	120	130
跪姿作业	宽度	110	120	130
	高度	145		150
	手距地面高度		70	
爬着作业	高度	80	90	95
	长度	150		160
俯卧作业（腹朝下）	高度	45	50	60
	长度	245		
仰卧作业（背向下）	高度	50	60	65
	长度	190	195	200

四、最佳作业空间

最佳作业空间是指符合人的生理、心理要求，设备、显示器、控制器布置合理的作业空间。

设计最佳作业空间除了考虑人体静态尺寸和活动范围外，还应考虑作业空间与人的心理特性、行动特性的匹配，考虑协同作业的相互匹配，考虑显示器、控制器的布置和匹配。

(1) 考虑作业者心理特性

操作者在最小作业空间虽然也可以工作，但会有压迫感，因此，在设计作业空间时，应考虑作业者精神上的思考自由及行动上的余裕。此外，还要考虑作业空间的色彩、照明等环境因素与人的匹配。例如，明亮欢快的色彩、充分的照明会使人感到空间特别宽敞。

(2) 考虑作业者行动空间

作业者在实现作业目的的动作中，往往增加一些自主目的的行动，例如，伸懒腰等。这就需要比作业空间更宽敞些。

(3) 考虑作业者协同作业空间

对于多人集体作业应考虑协同作业的匹配。实际作业中，常常不是单人作业，而是由多人组成的集体作业。这种集体作业的空间，并非单个人和物形成空间的简单叠加，须考虑人与人之间相互交流信息和协同作业的匹配。

(4) 考虑设备特点进行设计

考虑设备本身的特点就是考虑设备本身的功能、形状、数量和使用情况等进行设计，尽量把功能相同和相互联系的部件组合在一起，并实现匹配，以利于操作、监视和管理。

(5) 考虑控制装置布局

使用频率高的控制装置应该布置在最适于作业的区域，并按操作的先后顺序，把它们相互之间尽量安排得近一些，形成一个流畅的作业线路，与人匹配。

(6) 考虑人的特征布置

根据人体测量学、解剖学和生物力学的特征来布置和匹配机器、控制器和工具，才能使操作者既能高效操作，又能减少疲劳。

(7) 考虑操作和视野的有效位置

把设备、控制器和显示器等，尤其是重要设备仪器布置在操作者的手或脚的可及范围与视野的有效位置。

总之，设计最佳作业空间应该统一考虑，全面权衡。首先，考虑人的生理和心理需要，与人的生理和心理特性匹配，为操作者创造舒适的作业条件；其次，考虑显示器、控制器的布置和匹配，使操作者既准确、高效，又不易疲劳，减少或避免操作失误。

第三节　安全防护空间距离与安全防护装置的设计

一、安全防护空间距离

安全防护空间距离可分为防止人体触及危险部位的间隔和人体免受非触及有害因素影响的间隔(例如，超声、辐射及尘毒)。防止人体触及危险部位的间隔包括机械防护安全距离和人体与带电导体间的安全距离。机械防护安全距离又分为防止可触及危险部位的安全距离、防止受挤压的安全距离和防止踩空致伤的盖板开口安全距离，主要取决于人体测量参数，本节将重点讨论。人体免受非触及有害因素影响的安全距离(例如，超声、辐射及尘毒)则取决于危害源的强度和人的生理耐受阈限。

(一) 机械防护安全距离的确定

机械防护安全距离 S_d(mm)主要取决于人体尺寸 L(mm)或最大可及范围 R_m(mm)。另外，为了保证人体不会触及危险区域的界面，还须在 L 或 R_m 的基础上加上一个附加量(即安全余量)KL 或 KR_m。即：

$$S_d = (1 \pm K)L \text{ 或 } S_d = (1 \pm K)R_m$$

公式说明：

① 在计算不允许身体触及的最小安全距离时用加号，在计算限制身体通过的最大安全间隙时用减号。

② K 附加量的大小需考虑经济因素。参照国内外资料，附加量系数 K 可按表 5-18 选取。

表 5-18　　机械防护安全距离附加量系数值

身体有关部位	K
身高等大尺寸	0.03
上、下肢等中等尺寸；大腿围度	0.05
手、指、足面高、脚宽等小尺寸；头胸等重要部位	0.10

③ 最小安全距离应采用第 99 百分位数男女两者中较大的数值，最大安全空隙应采用第 1 百分位数男女两者中较小的数值。这样可保证 99%以上人群的身体不会进入危险区域内部。此外计算 S_d时，还应考虑不同环境下的着装因素。

④ 公式中的安全距离 S_d是根据人体的裸体测量数据得到的。实际应用时，还应考虑不同环境所要求的着装因素。

人体与带电导体间的安全距离取决于电压的高低和操作条件。在低压操作中，人体与带电体至少应保持 100 mm 的距离。在高压无遮拦操作中，人体及所携带工具与带电体之间的最小距离为：10 kV 以下者不应小于 700 mm，20～35 kV 者不应小于 1 000 mm。用绝缘杆操作时，上述距离可分别减为 400 mm 和 600 mm。不能满足上述距离时，应装临时遮拦。在线路上工作时，人体与邻近带电体的最小距离为：10 kV 以下者不应小于 1 000 mm，35 kV 者不应小于 2 500 mm。

（二）防止可触及危险部位的安全距离

防止可触及危险部位的安全距离包括：上伸可及安全距离、探越可及安全距离、上肢自由摆动安全距离和伸进可及安全距离。

1. 上伸可及安全距离

上伸可及（见图 5-18）安全距离取决于危险区的风险大小。如果危险区为低风险，那么危险区的高度 h 应为 2 500 mm 或更高。如果危险区为高风险，则危险区的高度 h 应为 2 700 mm 或更高，或是采用其他安全措施。

2. 探越可及安全距离

图 5-19 为探过防护结构的示意图，距危险区的水平距离 c 取决于危险区的高度 a 和防护结构的高度。另外，对高风险和低风险的危险区，取值也不相同。具体可参考《机械安全 防止上肢触及危险区的安全距离》（GB 12265.1—1997）。

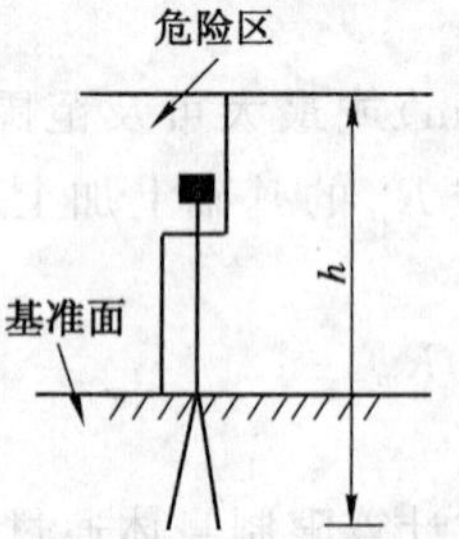

图 5-18　上伸可及示意图

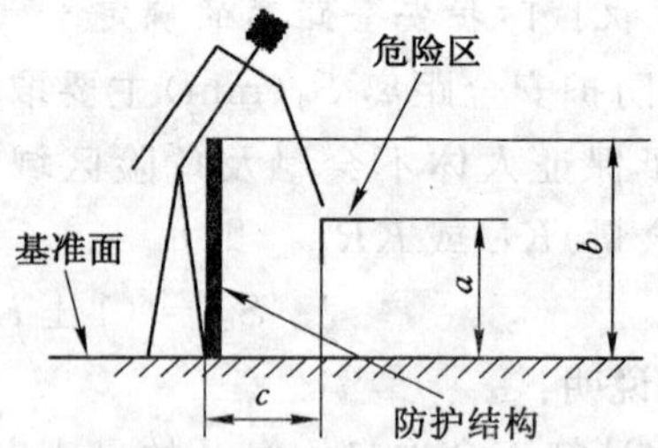

图 5-19　探越防护结构示意图

a——危险区高度；b——防护结构高度；

c——防护结构近人一侧距危险区的水平距离

3. 上肢自由摆动安全距离

有些作业，人体上肢的掌、腕、肘、肩等关节根部紧靠在固定台面或防护设施的边缘，由支靠点前面一部分肢体向四周自由摆动从事作业活动，此时的安全距离数值可查表5-19。

表 5-19　　弧形可及安全距离

运动限制	安全距离 S_r	图示
只在肩部和腋窝运动受限制	⩾850	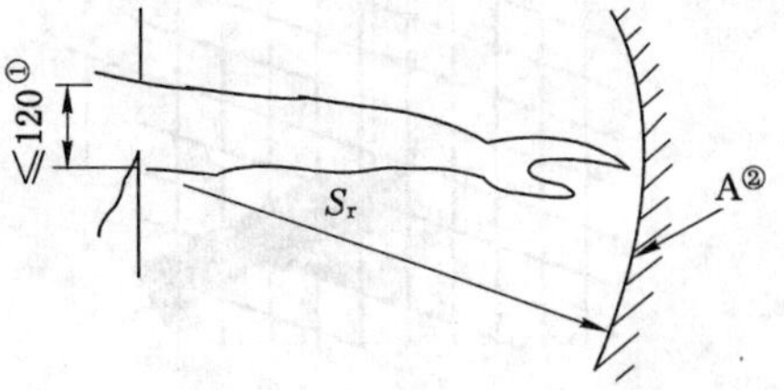
臂被支承至肘部	⩾550	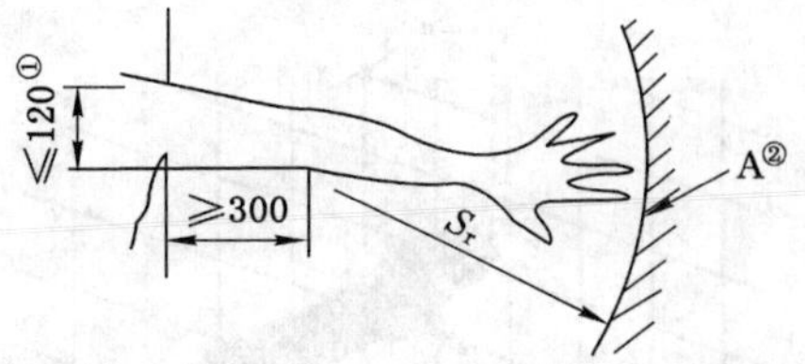
臂被支承至腕部	⩾230	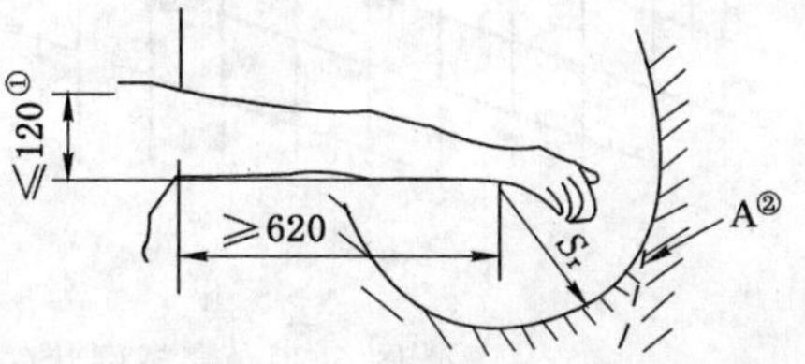
臂和手被支承至指关节	⩾130	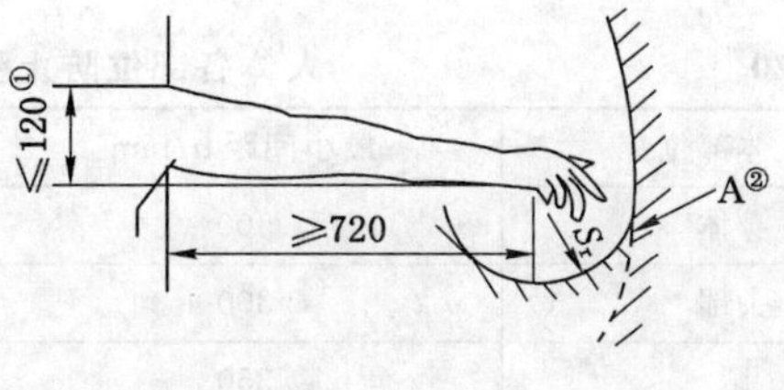

注：① 圆形开口的直径或方形开口的边长，或槽形开口的宽度。

② A 为臂的运动范围。

4. 伸进可及安全距离

根据某些人体尺寸第 1 百分位数男女两者中的较小值来确定防护屏或防护罩的最大孔隙 a，以防止肢体某个部位通过。如果已经确定了防护屏或防护罩的孔隙尺寸 a，则应根据第 99 百分位数男女两者中的较大值来确定防护屏或防护罩至危险部位的安全距离 S_d，使能够穿越孔隙的那部分肢体不能触及危险部位。穿越网状孔隙可及安全距离可查看图 5-20。

（三）防止受挤压的安全距离

在机械设备和工作场地中，常常存在着一些固定的夹缝部位或可变动的夹缝部位。为了安全，夹缝间距必须大于安全距离。防止人体受挤压主要指防止人的躯体、头、腿、足、臂、手掌和食指等人体部位受挤压。表 5-20 给出了身体各部位防止受挤压的最小间距。

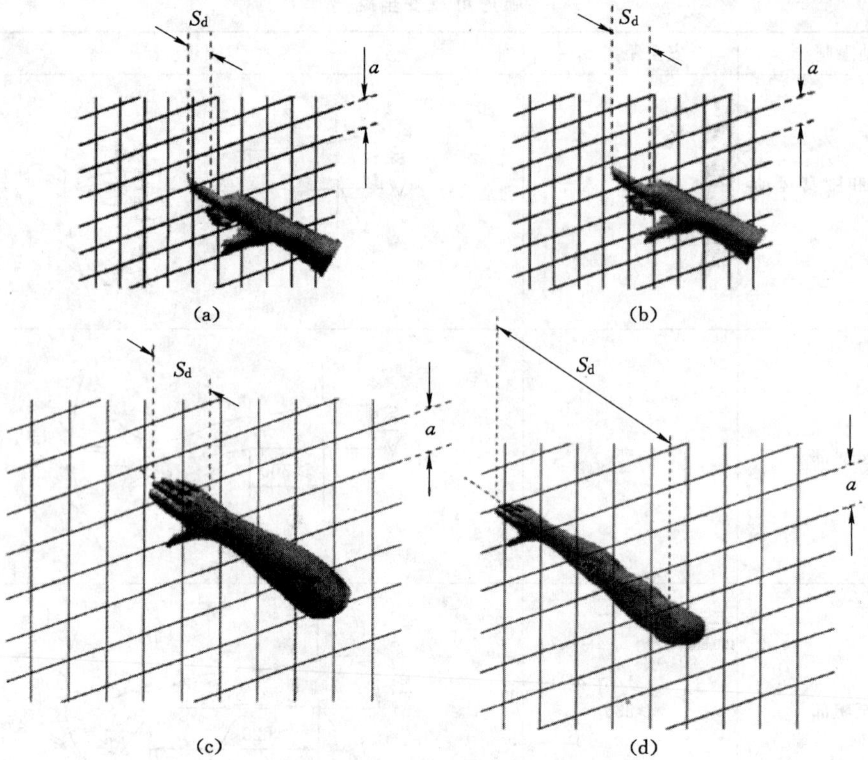

图 5-20　穿越网状(方形)孔隙可及安全距离

(a) $S_d \geqslant 15$ mm;(b) $S_d \geqslant 120$ mm;(c) $S_d \geqslant 195$ mm;(d) $S_d \geqslant 820$ mm

表 5-20　　人体各部位防止受挤压的最小间距值

人体部位	最小间距 a/mm	身体部位	最小间距 a/mm
身体	500	脚趾	50
头部	300	臂	120
腿	250	手腕拳	100
脚	120	手指	25

(四) 防止踩空致伤的盖板开口安全距离

如果盖板上开口尺寸过大,当作业人员从上面经过时,就会发生踏空坠落事故,或下肢的某一部分嵌入开口引起挫伤。

盖板开口的安全距离分条形开口和矩形开口两种。其中,条形开口 S_d 不大于 35 mm,矩形开口长不大于 150 mm,宽不大于 45 mm。

二、常见的安全防护装置及设计

安全防护装置是指配置在机械设备上能防止危险因素引起人身伤害,保障人身和设备安全的所有装置。科学地设计安全防护装置对人机系统的安全性至关重要。

(一) 常见安全防护装置

安全防护装置在工作场所中无处不在,常见的安全防护装置有如下几类:

(1) 通用机械、电气设备的护栏、护罩、护网及快速自动开关等；

(2) 电刨、电锯、砂轮、锻压机等有碎片、碎末、液体飞溅处的屏蔽装置；

(3) 导电体的绝缘屏蔽装置；

(4) 升降机、起重机的限位器、限速器、制动器等；

(5) 锅炉、压力容器、压缩机械及有爆炸危险机械的安全装置和信号装置；

(6) 电气设备的接地、接零、防触电装置；

(7) 防坠落装置；

(8) 生产区域及危险场所设置的标志和信号装置等。

(二) 安全防护装置的作用与分类

1. 安全防护装置的作用

(1) 防止机械设备因超限运行而发生事故；

(2) 通过自动检测或诊断系统排除故障或终止危险；

(3) 防止人的失误操作；

(4) 防止人误入危险区域。

2. 安全防护装置分类

安全防护装置可以是单一的装置，也可以是多功能联用的装置。按安全防护方式可以分为隔离防护安全装置、联锁控制防护安全装置、超限安全保险装置、制动装置、报警装置、安全防护控制装置等。

(1) 隔离防护安全装置

隔离防护安全装置是专门为保护人身安全而设计的，是通过物体障碍方式防止人或人体部分进入危险区域，将人或人体部分隔离在危险区域外的装置。主要有防护罩、防护屏、防护栅栏。

(2) 联锁控制防护装置

用来防止相互干扰的两种运动或不安全操作时电源同时接通或断开的互锁装置。具有保证设备正常运转、事故联锁、联锁报警、联锁动作等基本功能。

(3) 超限安全保险装置

机械设备由于某种原因发生故障将引起参数（温度、压力、速度等）的变化，而且可能超出规定的极限值，如果不及时采取措施，将可能发生设备或人身事故，超限安全保险装置就是为防止这类事故发生而设置的。例如，过载保险装置、熔断器、保险丝、限位开关等。

(4) 紧急制动装置

用来防止和避免在紧急危险状态下发生人身或设备事故的装置。它可以在即将发生事故的一瞬间使机器迅速制动。

(5) 报警装置

通过监测装置能及时发现机械设备的危险与有害因素及事故预兆，通过闪烁红灯或鸣笛向人们发出报警信号的装置。

(6) 安全防护控制装置

当操作者一旦进入危险区，则安全防护装置可以控制机械不能启动或自动停止，可将人从危险区排除，或控制人体不能进入危险区，它对人身安全起间接防护作用。例如，双手按钮式开关、光电式安全防护装置等。

(三) 安全防护装置设计

1. 安全防护装置的设计原则

(1) 以人为本的原则。设计安全防护装置时,首先要考虑人的因素,确保操作者的人身安全。

(2) 安全可靠的原则。安全防护装置必须达到相应的安全要求,保证在规定的寿命期内有足够的强度、刚度、稳定性、耐磨性、耐腐蚀和抗疲劳性,即保证其本身有足够的安全可靠度。还要充分考虑可能发生的不安全状态,例如,误操作、意外事件、突发事件等特殊情况。

(3) 同时设计原则。安全防护装置应在结构设计时就作为设备性能要求的一部分考虑进去。新产品,都应具备齐全的安全防护装置。

(4) 简单经济原则。安全防护装置结构要简单,布局要合理,费用要经济,操作要方便,满足一定的安全距离,便于检修,采用安全装置后不影响机器的预定使用,不影响正常操作。

(5) 自组织原则。安全防护装置应具有自动识别错误、自动排除故障、自动纠错及自锁、互锁、联锁等功能。

2. 常见安全防护装置的设计

(1) 隔离防护安全装置

隔离防护安全装置主要有防护罩、防护屏和防护栅栏。

① 防护罩

防护罩的主要作用有两方面,一是防止和阻挡人体或部分进入不安全区域,例如,为了保护作业人员避免运动部件可能产生的危险而设计的防护罩;二是防止和阻挡人体有害的物质作用人体,例如,阻止高速物块飞向人体。

防护罩又分为固定式防护罩、开启式或可调式防护罩和联锁式防护罩。固定式防护罩固定在适当的位置上,必须使用专用工具才能将其打开。例如,飞轮、传动带的防护罩。开启式或可调式防护罩用来防护需要经常调整和维修的活动部件,不需要专用工具就能打开。联锁式防护罩兼启动电气开关的作用,即罩不关上,机械就不能启动;另外,一旦防护罩被打开,机械就立即停止运行。

一般情况下,应采用固定式防护罩,经常进行调节和维护的运动部件,应优先采用联锁式防护罩,条件不允许时,可采用开启式或可调式防护罩。防护罩的具体要求可参考《机械设备防护罩安全标准》(GB 8196—2003)。

② 防护屏和防护栅栏

防护屏是用于防止人体任何部位进入危险区域而设置的一种隔离装置。例如,为防止人体机械伤害、灼烫、腐蚀、触电等致伤危险而设置的防护屏。

人体危区及安全距离的确定如图 5-21 所示。图中曲线分别为当设立 1.0 m、1.2 m、1.4 m、1.6 m、1.8 m、2.0 m、2.2 m 等不同高度的防护屏时的人体危区。a、b、c 分别为三个不同危险物体所形成的危险区域的危险点。Y_a、Y_b、Y_c 分别为三个危险点高度。X_a、X_b、X_c 分别为三个危险区域所应具备的最小安全距离。

防护屏一般应采用金属材料制造,并应有相应的足够强度;在满足防护要求的条件下,也可采用其他材料制造。防护屏采用栅栏结构、网状结构或孔板结构时,根据其栅栏的横向或竖向间距、网眼或孔的最大尺寸,最小安全距离必须符合国家标准。

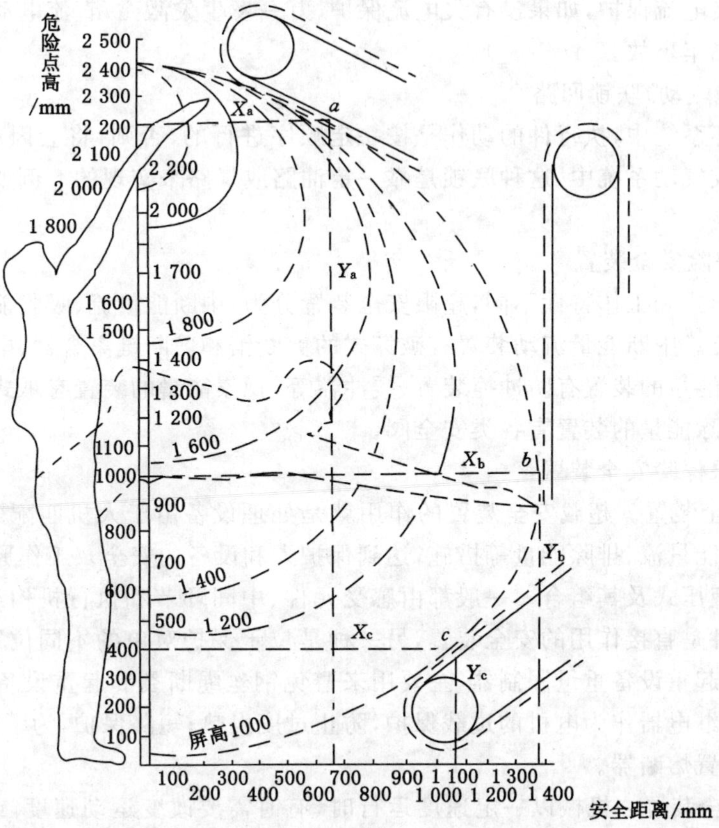

图 5-21　人体危区及安全距离

(2) 联锁控制防护安全装置

联锁装置可以通过机械的、电气的或液压、气动的方法使设备的操作机构相互联锁或操作机构与电源开关直接联锁。典型的联锁控制防护安全装置有机械联锁装置、电气联锁电路或液压(气动)联锁回路。

① 机械式联锁装置

机械式联锁装置是依靠凸块、凸轮、杠杆等动作来控制相互矛盾的运动。例如,利用钥匙开关、销子等来控制机械运动。

② 电气式联锁电路

电气联锁电路包括顺序联锁、按钮控制的正反转联锁线路及欠电压欠电流保护三种形式。

顺序联锁。在机床控制线路中,经常要求电动机有顺序的启动,例如,在车床的主轴工作之前,必须先启动油泵电动机,使润滑系统润滑。

按钮控制的正反转联锁线路。当按其中一个接触器启动按钮时,这个按钮的常闭触点先断开另一个接触器的回路后常开触点再接通这个接触器的回路。有时,为使操作方便、工作更加安全可靠,可以采用按钮、接触器双重联锁的正反转控制线路,对电动机的正、反转控制电路互锁,防止同时按下正反向运行按钮,避免造成相间短路。

欠电压欠电流保护。欠电压保护的任务主要是防止设备因过载而烧毁。直流电动机的激磁一定要有欠电流保护,如果没有欠电流保护,万一发生欠激磁,直流电动机就会超速,严重时就会造成飞车事故。

③ 液压(或气动)联锁回路

在自动循环系统中,执行件的动作是按一定顺序进行的,否则,将会因动作干涉而发生事故。在液压或气动系统中,这种联锁是靠一定油路或气路来实现的。例如,防护门联锁液压回路。

(3) 超限保险安全装置

根据能量形式和工作特性不同,超限安全装置分为:中断能量流、吸收能量、积累能量和排除能量等四类。中断能量流动装置有破坏式的剪断销和剪断键离合器、电气式的熔断器、继电器等,吸收能量的装置有防冲撞装置、缓冲器等,积累能量的装置有爪式、滚珠式和滚柱式等离合器,排除能量的装置有各类安全阀。

典型的超限保险安全装置:

① 超载安全装置。超载安全装置的作用就是处理设备由于人机匹配失衡造成的多余能量,通过中断能量流、排除能量等措施,达到保护人和设备的安全。工作原理有机械式、电气式、电子式、液压式及其组合。一般都由感受元件、中间环节和执行机构组成一个独立的部件。其中一种是直接作用的安全装置,另一种是位于保护对象的不同位置间接作用的安全装置。例如,起重设备重量限制器,主要用来避免钢丝绳断裂和起重设备损坏;电路过载保护,常采用热继电器作为电机的过载保护,防止过度发热;短路保护,为了防止两相发生短路,在线路中设置熔断器。

② 越位安全装置。机械以一定速度运行时,有时需要改变运动速度,或需要停止在指定的位置,如果执行件运动时超越规定的行程,可能会发生损坏设备或撞伤人的事故。为此,必须设置行程限位安全装置。这种装置有机电式、液压式等。例如,起重机械工作时,超载和越位会造成事故,故设置相应的安全装置。

③ 超压安全装置。广泛用于锅炉、压力容器(例如,液化气贮存器、反应器、换热器等),因为这些设备若超压运行就可能发生爆炸和泄露等重大事故。超压安全装置主要有安全阀、防爆膜、卸压膜等。按结构及泄压方法不同,有阀型、断裂型(即破坏型)、熔化及组合型等。

安全阀是锅炉、气瓶等压力容器中重要的安全装置。当容器中介质压力超过允许压力时,安全阀就自动开启,排汽降压避免事故。当介质压力降到允许的工作压力之后,便自动关闭。根据驱动阀芯(阀瓣)移动的动力不同,有杠杆式、弹簧式等安全阀;按安全阀开启时阀芯提升的高度不同,有微启式和全启式安全阀。

(4) 制动装置

制动装置是防止紧急状态下发生人身伤害和设备事故的装置。例如,在危险位置突然出现人、操作者的衣服被卷入机器、人正在受伤害、运行部件越程与固定件或运动件相撞等紧急情况下,为了防止事故发生或阻止事故继续发展,必须使机器紧急制动。

常用的制动方式有机械制动和电力制动。

机械制动是靠摩擦力产生的制动力或制动力矩而实现制动的。

电力制动是使电动机产生一个与转子转向相反的制动力矩而实现制动的。机床上常用的电力制动有反接制动和能耗制动。反接制动,制动力矩大,制动效果显著,但制动过程中有冲击，且耗能较大。能耗制动比反接制动平稳、制动准确，且能量消耗小，但制动力较弱，且要用直流电源。

（5）报警装置

报警装置是指通过检测装置及时发现机械的危险与有害因素及事故预兆，并通过声光发出警报的装置。例如，锅炉中高低水位报警器。

根据所监视设备状态信号不同，可分为过载报警器、超速报警器、超压报警器等。报警方式有机械式、电气式等。

其报警原理为：由监测装置将监视信号发送到传感器，信号被放大处理后，如果信号异常则通过声光发出警报。

（6）安全防护控制装置

当操作者一旦进入危险区，则安全防护装置可以控制机械不能启动或自动停止；可将人从危险区排出，或控制人体不能进入危险区，它对人身安全起间接防护作用。例如，双手按钮、光电防护装置等。

（7）防触电安全装置

为保证操作员的安全，机械设备上一定要设置防触电安全装置及安全措施。

① 断电保险装置。例如，联锁开关，当打开设备的某通道时，该部分电源在打开通道口的同时被切断。当操作检修完毕封闭通道口时，电源便自动接通。再如，焊机空载时自动断电保护装置，可避免焊工更换焊条触及焊钳口时触电事故。

② 漏电保护器。漏电保护器的工作原理是通过检测机构取得漏电信号经中间机构的转换，传递给执行机构，带动机械脱扣和电磁脱扣装置动作，断开电源。

③ 电容器放电装置。设备内部的电容器可能有储存大量电荷，即使切断电源，电容器及其线路放电也需要一个时间。如果电容器及其线路不能在切断电源后的 2 s 内放电降到 30 V 以下，则必须带有放电装置。这类放电装置一般跨接一个分流电阻就可以很好地保证电容自动放电。如果没有这类分流措施，则打开通道口进行操作前，应该设法让电容器放电，例如，用接地杆等。

④ 接地。为了防止人员受高压伤害，必须采取接地措施。另外，也应注意输电线路的安全。人体的接触、短路或输入线接地都可能引起触电、着火。例如，变压器或电机出现故障时，初级供电线路就可能接地。所以在输电线路的两头及所有支路上都应装上保险丝或保险装置。

⑤ 警告标志及信号。常用的有警铃、警报、红色警告灯等视听警告信号。例如，在可能引起触电的部位附近安置传感器，当人员走近时报警，避免触电。

警告标志常用警告文字（例如，“小心—高压”）或用规定的图形作为警告记号；还有警告标志，在可能发生触电的部位，漆上国家规定的标准警告色。

复习思考题

（一）知识性习题

（1）名词解释：均值、方差、标准差、百分位数。

（2）简述人体测量数据的运用准则。

(3) 简述在设计产品中如何应用人体测量数据。

(4) 简述立姿的作业空间设计。

(5) 简述坐立交替的作业姿势的作业空间设计。

(6) 简述如何确定安全防护距离。

(7) 简述典型的安全防护装置。

(二) 研究性习题

选取企业生产车间、建筑施工现场或校园等作为研究对象,调查安全防护装置设置情况及是否满足安全防护距离要求,评价作业空间的安全水平。

第六章　作业环境与人的特性匹配

☞ 教学目标

1. 了解注意、气质、性格、态度、情绪、情感、意志、能力、需要、动机的概念、特征及其与安全的关系；
2. 掌握非理智行为的心理因素的表现；
3. 知道对温度环境改善的措施；
4. 知道防止和控制眩光的措施；
5. 知道作业场所的光照要求；
6. 能对工作场所的色彩环境进行评价；
7. 了解振动和噪声、有毒环境的防治方法。

☞ 教学的重点、难点

1. 教学重点：注意、气质、性格、情绪、情感的概念，非理智行为的心理因素，作业场所的光照要求、防控眩光的措施、色彩调节的作用、振动和噪声防治；

2. 教学难点：气质、性格的比较，情绪、情感的比较；防止和控制眩光的措施、作业场所的光照要求、色彩调节的作用。

第一节　人的心理特性

一、个性心理特性

(一) 气质

气质是人生来就有的稳定的心理活动的动力特性。它不以人活动的内容、目的和动机为转移。气质主要表现为人的心理活动的动力方面的特性，即心理过程的速度和稳定性(知觉的速度、思维的灵活程度、注意力间的长短等)、心理过程的强度(情绪的强弱、意志努力的程度)以及心理活动的指向性特点(外向型或内向型等)。

1. 气质的各种特性

(1) 感受性

感受性是人对外界影响产生感觉的能力。它是神经强度特性的表现。

(2) 耐受性

耐受性是人对外界事物的刺激作用在时间、强度上的耐受能力。表现为注意力的集中能力，保持高效率活动的坚持能力，对不良刺激(冷、热、疼痛、噪声、挑逗等)的忍耐能力。

(3) 反应的敏捷性

反应的敏捷性一方面表现为说话的速度、记忆的快慢、思维的敏捷程度、动作的灵活性等，另一方面表现为各种刺激可以引起心理各方面的指向性。

(4) 可塑性

可塑性是人根据外界事物的变化而改变自己适应性行为的可塑程度。表现在对外界适应的难易、产生情绪的强烈程度、态度上的果断或犹豫等方面。

(5) 情绪兴奋性

情绪兴奋性是神经系统强度和平衡性。有的人情绪极易兴奋但抑制力弱，这就是兴奋性强而平衡性差。

(6) 外倾性和内倾性

外倾性的人其心理活动、言语、情绪、动作反应倾向表现于外。内倾性则相反。

2. 气质的分类

关于人的气质的研究，中西方都有着悠久的历史。孔子说："不得中行而与之，必也狂狷乎？狂者进取，狷者有所不为也。"后人据此认为孔子将人的气质分为狂、狷和中行 3 种类型。中医的气质学说以阴阳五行为基础，将气质分为太阴、少阴、太阳、少阳和阴阳和平 5 种类型。古希腊医生希波克拉底根据他的医学实践提出了"体液理论"，将人的气质分为胆汁质、多血质、黏液质和抑郁质 4 种类型。如表 6-1 所示。

表 6-1　　几个代表性气质的分类

代表人物	分类及内涵				
孔子	狂		中行	狷	
	狂者进取、志大言大、言行强烈地表现于外		依中庸而行	狷者有所不为、有所谨畏不为	
中医	太阳	少阳	阴阳和平	少阴	太阴
古希腊医生希波克拉底	胆汁质	多血质		黏液质	抑郁质
	直率热情、精力旺盛、情绪易于冲动、心境变化剧烈是其特征，这表现了外倾性明显、情绪兴奋性高、反应速度快但不灵活	活泼好动，反应敏感而迅速，是反应敏捷性和外倾性的表现；喜欢与人交往，注意力容易转移，兴趣容易变换，可塑性强，情绪兴奋性高		安静，稳重，沉默寡言，反应缓慢，情绪不外露；注意稳定难于转移，善于忍耐。这种人感受性低，耐受性高，不随意反应性和情绪兴奋性较低，内倾性明显，稳定性高	感受性高而耐受性低。不随意反应性低，所以体验观察细微，多愁善感，孤僻呆滞，适应性(可塑性)很差。内倾性明显，含而不露，具有稳定性，不易转变情绪和观点

3. 气质与安全

每种气质类型都有自己的影响优势，在职业选择和分配时，要考虑人的气质，尽可能地使用气质与其工作相适应的人，以便扬长补短，提高工作效率。

(1) 当工种与作业者的气质类型匹配时，失误率就会降低。例如，消防员需要反应迅速、动作敏捷气质类型的人员承担，质检员需要仔细的、情绪比较稳定的、安静气质类型的人承担，反之失误率就会升高。

(2) 当管理方法与作业者的气质类型匹配，失误率就会降低。例如，有些人较内向，在管理时应该注意多鼓励、少批评，反之会导致逆反等心理，失误率会升高。

(二) 性格

1. 性格定义

性格是表现在人的态度和行为方面的比较稳定的心理特征。表现在以下 4 个方面：

(1) 现实态度特征

对社会、工作、其他人、自己的态度，例如，正直、诚实、积极、勤劳、谦虚，与其相反的表现为圆滑、虚伪、消极、懒惰、骄傲等。

(2) 意志特征

独立性、自制性、坚持性、果断性，相反的是易受暗示性、冲动性、动摇性、优柔寡断等。

(3) 情绪特征

热情、乐观、幽默，与其相反的为冷淡、悲观、忧郁等。

(4) 理智特征

深思熟虑、善于分析与综合，与其相反的为轻率、武断、主观、自以为是等。

2. 性格的类型

按心理机能性格可以分为理智型、情绪型和意志型，按倾向性可以分为内倾型和外倾型，按独立顺从程度可以分为独立型和顺从型，按竞争性可以分为优越型和自卑型，按社会形式可以分为理论型、经济型、审美型、社会型、权利型和宗教型。

3. 性格和安全

性格(例如，冷静、细致、责任心强)决定人的行为和思维方式、决定对工作的态度和贡献。

人的性格与安全有着极为密切的关系。有资料表明，对公共汽车驾驶员来说，事故率最低的并不是技术最好的司机，而是具备娴熟驾驶技术和良好性格特征的司机。一般"易出事故者"的性格具有四高三低的特征，即：高敏感性、高幻想性、高忧虑性、高紧张性；低稳定性、低有恒性、低自律性。导致人失误的不良性格有：

(1) 恼怒、焦躁、攻击型性格。这类人喜欢冒险，争强好胜，不接纳意见。

(2) 性情孤僻、固执、心胸狭隘、对人冷漠。这类人内向、人际关系不好。

(3) 性情不稳定，易受情绪感染。这类人容易冲动、喜怒无常。

(4) 主导心境抑郁、浮躁不安者。这类人长期心境郁闷、精神不振，对工作无兴趣。

(5) 马虎、敷衍、粗心。

(6) 在紧急或困难情况下不沉着，表现胆怯、惊慌失措、优柔寡断或轻率、鲁莽、冒失者。这类人在发生异常时，不知所措或鲁莽。

(7) 感知、思维、运动迟钝、懒惰者。这类人不爱动手动脑。

(8) 懦弱、胆怯、无主见。这类人遇事退缩，无原则，人云亦云。

(三) 能力

能力是指一个人顺利完成一定活动所表现出的稳定的心理特征。它直接影响活动的效率。

能力有两种含义，即实际能力和心理潜能。实际能力是指已表现出来的能力和已达到的某种熟练程度，可用测验来测量；心理潜能也叫潜在能力，即尚未表现出来的心理能力，是通过学习或训练可能发展起来的能力与可能达到的某种熟练程度。

1. 能力的分类

能力可以分为一般能力和特殊能力。一般能力是指认识活动的能力，也称智力，包括观察力、记忆力、注意力、思维力、想象力等。特殊能力是指从事某种专业活动所需要的能力，包括写作能力、管理能力和机械操作能力等。

一般能力与人失误的关系与工种密切相关。

(1) 在某些需要较高判断能力的工种(例如，机场塔台调度员、计算机监控员)，智力与失误率呈现负相关，即高智商者失误率较低，低智商者失误率较高。

(2) 一般工种，智力高低与失误率无明显关系。

(3) 某些简单的、重复的、单调的工种，高智商者由于漫不经心，反而存在着失误率较高的倾向。

特殊能力与人失误的关系表现为特殊能力越差，自我保护能力就越差，应对突发事件的能力就越弱，发生人失误的倾向就越强。

2. 能力与安全

考虑到能力存在个体差异，为确保工作生产的安全，应遵循以下 4 个原则：

(1) 能力与岗位职责要匹配。

(2) 发现和发掘职工的潜能。

(3) 通过培训提高工人的能力。

(4) 团队人员的能力要互补。

(四) 需要和动机

1. 需要和动机

动机是驱使个体去进行活动的心理动力。它是在需要的基础上产生的，而又不为他人直接观察到的内在心理倾向。

需要是有机体在生存和发展的过程中，感受到的生理和心理上对客观事物的某种要求。

2. 需要与安全

需要分生理性需要和社会性需要。生理性需要是为延续生命所必需的对客观条件的需求，是每个人都有的，例如，填饱肚子、安全；社会需要是更高层次的，例如，教育、娱乐、道德、秩序等，它与社会制度、国家和民族的传统及习惯等有关。

图 6-1 为马斯洛的需要层次说。马斯洛把需要分为五个层次，即生理需求、安全需求、社交需求、尊重需求和自我实现需求。

可见，安全不仅是每个人都有的心理需要，也是人的生存条件。

(五) 态度

态度是个人对他人、事物较持久的肯定或否定的内在反应倾向的心理活动。

美国学者凯尔曼 1958 年首先提出了态度形成和改变的三阶段理论，即依从—认同—内化。依从是指个体为了获得奖励或逃避惩罚而采取的与他人表面上相一致的行为，认同是个体自愿地让自己的态度和行为与心目中榜样的观念和态度相一致，内化是指个体真正从内心相信并接受他人观点，使之纳入自己的态度体系成为有机组成部分。

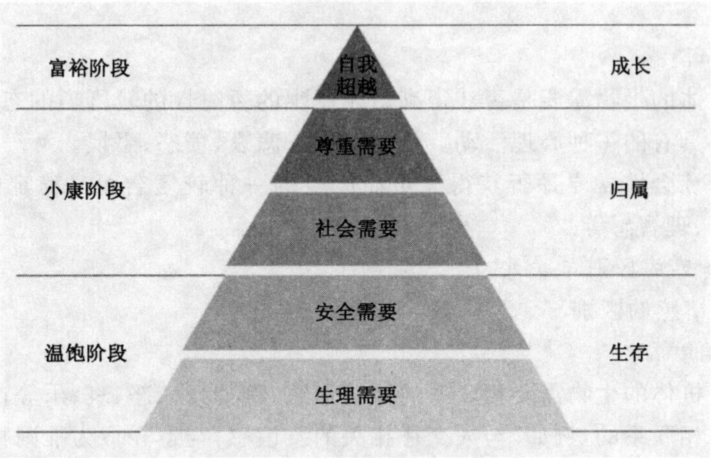

图 6-1　人的心理特性

二、心理过程

（一）注意

注意是心理活动对一定对象的指向和集中，也可以认为是有意的觉察。注意的对象既可以是外界的客观事物，也可以是主体自身的行为、观念以及情绪等各种心理状态。注意的指向性指人的心理活动具有选择性。这种选择性不仅表现为选取某种活动和对象，而且表现为心理活动对这些活动和对象的长时间的保持。注意的集中性不仅指离开一切与活动对象无关的东西，而且也是对与之干扰的刺激的抑制。

1. 注意的条件和分类

引起注意需要具备一定的条件，这些条件取决于主体和客体两个方面。有的取决于主体本身的条件，例如，对某事物的需要、兴趣，与已有知识经验的联系，以及当时的心理状态等；有的取决于客观事物本身，例如，对比关系中较突出的、活动变化的、有节奏的、有限度的、重复的刺激。

注意又可分为无意注意和有意注意。无意注意是由于客体本身的特点产生的注意，有意注意则是由于活动条件引起的主体意识控制下的注意。

2. 引起不注意的主要原因

（1）强烈的无关刺激

无关刺激达到一定强度，会引起作业者的无意注意，使注意对象转移，造成事故。

（2）注意对象欠佳

不够突出、平淡无奇的物体不利于注意的保持。

（3）注意的起伏

人长时间地注意某一对象，其感受性是间歇地加强和减弱。相对单调、静止的对象难以保持长久的注意，而对复杂、新异和变化大的对象则易于稳定地注意。

（4）意识水平下降

人长时间地注意某一对象，其感受性是间歇地加强和减弱。相对单调、静止的对象难以保持长久的注意，而对复杂、新异和变化大的对象则易于稳定地注意。意识水平的下降会导致注意分散。

（二）情绪和情感

情绪指有机体的生物需要是否获得满足而产生的暂时性的较剧烈的态度及其体验。情绪是人及动物都具有的一种心理活动。例如，快乐、悲哀、愤怒、恐惧。

情感是人的社会性需要是否获得满足而产生的一种较复杂而又稳定的态度体验。例如，道德感、美感、理智感等。

1. 情绪与情感的区别与联系

（1）情绪与情感的区别

① 从需要角度看

情绪是和有机体的生物需要相联系的体验形式，例如，喜、怒、哀、乐等；情感是同人的高级的社会性需要相联系的，例如，与人交往相关的友谊感，与遵守行为准则相关的道德感，与精神文化需要相关的美感与理智感。

② 从发生角度看

情绪发生较早，为人类和动物所共有，无论从种系或是个体发展来看，情感体验都发生得较晚，是人类所特有的，是个体发展到社会化进程的一定阶段才产生的，例如，婴幼儿的情感体验就鲜明而又丰富。

③ 从稳定性程度看

情绪永远带有情境性，而情感有可能既具有情境性，又具有稳固性和长期性，稳固的情感体验是情绪概括化的结果。以上区别是相对的。

（2）情绪与情感的联系

情感是在情绪基础上形成的，反过来情感对情绪又产生巨大的影响，它们既相互转化，又相互依存。具有一定社会内容的情感，可能以强烈、鲜明的情绪形式表现出来，又能表现为深沉而持久的情操。与生理性需要相联系的情绪，可能由所赋予的社会内容而改变它的原始表现形式，从而表现为情感。具有高级社会内容的情操，既可表现为情绪，又可表现为情感。

2. 工作中的不安全情绪

事故都是操作者的行为引起的，而人的行为总是由人的思想、情绪所支配的。良好的情绪就会导致正确的行为，不好的情绪可能导致不良的行为，从而导致事故的发生。影响安全的情绪主要有：

（1）急躁情绪

人的情绪状况发展到引起人体意识范围变狭窄，判断力降低，失去理智力和自制力。心血活动受抑制等情绪水平失调呈病态时，极易导致发生不安全行为。

从图 6-2 可以看出：过高和过低的情绪激动水平，使人的动作准确度降低，安全操作水平下降。

（2）烦躁情绪

表现沉闷，不愉快，精神不集中，心猿意马，严重时自身器官往往不能很好协调，更谈不上与外界条件协调一致。

（三）意志

意志是人自觉地确定目的，并根据目的调节支配自身的行动，克服困难，实现预定目标

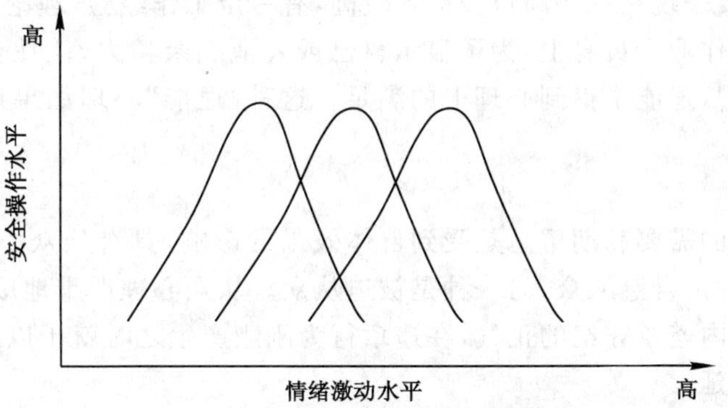

图 6-2　安全操作与情绪激动水平的关系

的心理过程。意志的积极品质包括自觉性、果断性、自制性和坚持性。意志的消极品质包括盲目性、冲动性和脆弱性。

三、非理智行为的心理因素

发生失误及违章操作的心理状态很多,但其根源往往在于社会因素、环境因素、劳动管理以及本人的先天性心理素质等非理智行为的心理因素。

1. 侥幸心理

侥幸心理就是妄图通过偶然的原因去取得成功或避免灾害。侥幸心理是许多违章人员在行动前的一种普遍心态。生产过程中存在许多危险因素,只要发挥自我防范能力,就能切断事故链,就不会发生事故。因为事故是小概率事件,多数作业人员违章操作没有发生事故,这往往给违章行为带来一种强化作用,造成违章人员普遍存在"违章不一定出事,出事不一定伤人,伤人不一定伤我"的侥幸心态,从而使这种违章行为发展成习惯性违章。在研究分析事故案例中可以发现,明知故犯的违章操作占有相当的比例。

2. 省能心理

省能心理又称为"节能心理"、"惰性心理"、"偷懒心理",它是指在作业中尽量减少能量支出,能省力便省力的一种心理状态,它是懒惰行为的心理根据。主要表现为嫌麻烦、怕费力、图方便、得过且过。有了这种心理,就可能产生简化作业的行为,进而违章操作,久而久之形成习惯性违章。

3. 逆反心理

逆反心理是指在某种特定的情况下,某些作业人员的言行在好胜心、好奇心、求知欲、思想偏见、对抗情绪之类的意识作用下,产生一种与常态行为相反的对抗心理反应。一般在行为上表现出"你让我这样,我偏要那样"、"越不允许干,我越要干"的特征。逆反心理很强的人,往往缺乏理智,不辨是非,对自己认为讨厌的人和事盲目地一概加以拒绝或否定,对安全规章制度也容易产生对抗行为,故意不遵守规章制度、不按安全规则操作等,例如,由于现场指挥人员态度、方式不当,引起作业人员的反感,为发泄心中的怨气,故意不按正确方法进行操作等。

4. 逞能心理

逞能心理也叫凑兴心理。逞能心理是人在社会群体活动中产生的一种人际关系的心理反应，这种心理主要表现在一些岗位技能比较高，有一定工作经验，理论上有一定水平，操作规程也熟悉的青年作业人员身上，为了显示自己或发泄剩余精力，往往会头脑发热，争强好胜，进行违章操作，从逞能中得到心理上的满足。这种“逞能”心理如果形成习惯心理，就容易形成习惯性违章。

5. 从众心理

人对某种事物的需要和期望总是受到群体效果的影响，具有从众心理，从行为来看，从众有两种情况：一种是自愿从众，另一种是被迫从众。从众心理严重地威胁着安全生产。必须提倡和扶植班组内遵章守纪的正气，在违章行为刚刚产生之时就予以纠正，以防止从众违章行为的发生和蔓延。

四、人的行为习性

人类有许多适应环境的本能行为，是在长期的人类活动中，由于环境与人类的交互作用而形成的，这种本能被称为人的行为习性。要使设计被人高效、安全地使用，设计一定要与人的行为习性相匹配。

1. 抄近路习性

为了达到预定的目的地，人们总是趋向于选择最短路径，这是因为人类具有抄近路的行为习性。因此在设计建筑、公园和空内环境以及劳动程序时，要充分考虑这一习性。

2. 识途性

人们在进入某一场所后，例如，遇到危险（例如，火灾等）时，会寻找原路返回，这种习性称为识途性。因此在设计室内安全出口时，要尽量设在入口附近，并且要有明显的指示标记。

3. 左侧通行习性

在人群密度较大（0.3 人/m^2以上）的室内和广场上行走的人，一般会无意识地趋向于选择左侧通行。这可能与人类右侧优势而保护左侧有关。这种习性对于展览厅展览陈列顺序有重要指导意义。

4. 左转弯习性

人类有趋向于左转弯的行为习性，在公园散步、游览的人群的行走轨迹可以显示这一习性。研究发现向左转弯所需的时间比同样条件下的右向转弯的时间短。很多运动场（如跑道、棒球场、滑冰场等）都是左向回转（逆时针方向）的，有学者认为左侧通行可使人体主要器官心脏靠向建筑物，有力的右手向外，是在生理上、心理上比较稳妥的解释。这种习性对于建筑和室内通道、避难通道设计具有指导作用。

5. 从众习性

假如在室内出现紧急危险情况时，总是有一部分人会首先采取避难行动，这时周围的人往往会跟着这些人朝一个方向行动，这就是从众作用。因此，室内避难疏散口的设计、诱导非常重要。

6. 聚集效应

许多学科研究了人群密度和步行速度的关系，发现当人群密度超过 1.2 人/m^2时，步行速度会出现明显下降趋势。当空间人群密度分布不均时，则出现人群滞留现象，如果滞留时间过长，就会逐渐结集人群，这种现象称为聚集效应。在设计室内通道时，一定要预测人群密度。设计合理的通道空间，尽量防止滞留现象发生。

第二节　作业环境的设计

一、照明环境

在作业过程中，大约80%以上的信息是由视觉得到的。照明是视觉功能的基本条件，一个与人的生理特性匹配的照明环境，将会提高工作的速度和精确度，增加产量，保证质量，保障安全。

（一）照明对工效的影响

1. 照明与疲劳

合适的照明，能提高近视力和远视力。当照明不良时，因反复努力辨认，易使视觉疲劳，工作不能持久。甚至会引起视力下降、眼球发胀、头痛以及其他疾病而影响健康，工作失误甚至造成工伤。劳动生产率、视觉疲劳与照度的关系如图6-3所示。

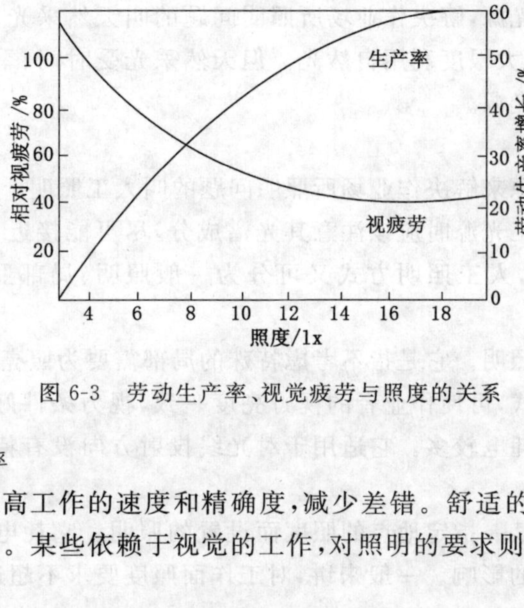

图6-3　劳动生产率、视觉疲劳与照度的关系

2. 照明与工作效率

适当的照明可以提高工作的速度和精确度，减少差错。舒适的光线，不仅对手工劳动，而且对脑力劳动都有利。某些依赖于视觉的工作，对照明的要求则更为严格。

3. 照明与情绪

照明会影响人的情绪，影响人的一般兴奋性和积极性，从而也影响工作效率。一般，明亮的房间是令人愉快的。炫目的光线使人感到不愉快。许多人还喜欢光从左侧投射。

4. 事故与照明

适当的照度能够提高人眼的辨识能力，减少失误发生率。事故统计资料表明，照度不足是事故产生的重要影响因素。如图6-4所示为事故次数和季节的关系，在11月～1月期间由于正值冬季，白天光照时间短，工作场所需要增加人工照明，而人工照明比天然光的照度低，使事故次数增多。另外，眩光容易导致视觉疲劳，也极易造成事故。

（二）照明设计

1. 照明形式

按照光源属性，照明的形式可以分为天然采光、人工采光和混合采光。

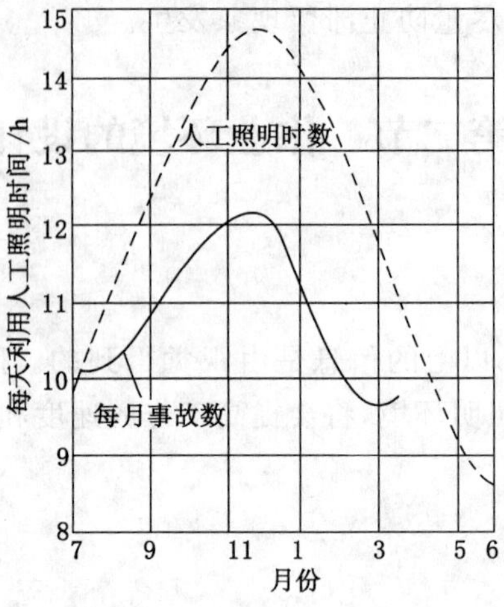

图 6-4　事故数量与室内照度的关系

（1）天然采光

利用自然界的天然光源，解决作业场所照明问题的叫天然采光。自然光是人工光源不能比拟的，设计时应该最大限度利用自然光。但天然采光受时间、季节和条件的影响，因此常用人工照明作为补充光源。

（2）人工照明

利用人工制造的光源来解决作业场所照明问题的叫人工照明。人工照明可使工作场所保持稳定光量。选择人工光源时应该注意其光谱成分，尽可能接近自然光。根据照明设备的安装方式或光的分布，人工照明方式又可分为一般照明、局部照明、综合照明、特殊照明等。

一般照明也叫全面照明。它是指不考虑特殊的局部需要为照亮整个被照面积而设置的照明。采用这种照明方式，可使作业者的视野亮度一致，视力条件好，工作时感到愉快。它的一次投资费用较少但耗电较多。它适用于对光线投射方向没有特殊要求，工作点较密集或工作点不固定的场所。

局部照明是指增加某一指定地点的照度而设置的照明。它耗电少而照度高，但要注意直接眩光和使周围变暗的影响。一般来讲，对工作面照度要求不超过 30～40 lx 时，可不必采用局部照明。

综合照明是指由一般照明和局部照明共同构成的照明。其比例以 1∶5 为好。若对比过强则将使人感到不舒适，对作业效率有影响。对于较小的工作场所，一般照明的比例可适当提高。综合照明是一种最经济的照明方式，常用于要求照度高，或有一定的投光方向，或固定工作点分布较稀疏的场所。

特殊照明应用于特殊用途，有特殊效果的各种照明。例如，透过照明、不可见光照明、色彩检查照明、彩色照明等。

（3）混合采光

利用天然光源和人工光源共同来解决作业场所照明问题的叫混合采光。考虑到节省能源以及人们习惯太阳光谱，混合采光应最大限度地使用天然采光。

2. 光源选择

自然光是人工光源不能比拟的，设计时应该最大限度利用自然光。选择人工光源时应该注意其光谱成分，尽可能接近自然光。

照明不宜使用有色光线。在有色光照明下视力效能降低。例如，白光下视力效能为100%，红光下视力效能仅达90%。

3. 光源分类

按光线与被照物的关系，光源可分为直射光源、反射光源、透射光源和眩光。

(1) 直射光源

光源的光线直射在加工物件上，因向光部分明亮，背光部分黑暗，故照度分布不均。

(2) 反射光源

光源光线的90%甚至更多的光都照在天花板和墙面上，通过反射来照明，故不会产生阴影。

(3) 透射光源

光源的光线经散光的透明材料使光线转为漫射，以减轻阴影和眩光，使照度分布均匀。

4. 眩光

当视野内出现亮度过高或对比度过大的光时，眼睛常常无法适应，这种刺眼或耀眼的强光线叫眩光。眩光多来源于外界物体表面过于光亮、亮度对比过大或直接强光照射。

(1) 眩光的分类

眩光又分为直射眩光、反射眩光和对比眩光。光源直接照射到人眼引起的眩光称为直射眩光；强光经物体表面反射引起的，特别是在靠近视线方向反射引起的眩光称为反射眩光；被视物体与背景明暗相差太大引起的眩光称为对比眩光。

(2) 眩光的影响

① 使眼睛的瞳孔直径减小，在视野内亮度不变的条件下降低了视网膜上的照度。

② 眩光在眼球媒质内散射，减弱了被看对象与背景间的对比。

③ 视觉细胞受高亮度光源的刺激，暗适应破坏，产生视觉后像，使被视对象模糊。

研究表明，做精细工作时，眩光在20 min之内就会使差错明显增加，工效显著降低。

(3) 防止和减轻眩光的主要措施

① 限制光源亮度

当光源亮度大于16×10^4 cd/m^{2}时，无论亮度对比如何，都会产生严重眩光现象。对眩光光源应考虑用半透明或不透明材料减少其亮度或遮住直射光线。

② 合理分布光源

应尽可能将眩光光源布置在视线外微弱刺激区，采用适当的悬挂高度和必要的保护角，减少眩光的产生。

③ 直射转为反射

光线经灯罩或天花板及墙壁漫射到工作场所。

④ 避免反射眩光

对于反射眩光，则通过变换光源的位置或工作面位置，使反射光不处于视线内。此外，还可以通过选择材质或涂色来降低反射系数，避免反射眩光。例如，防眩光的汽车后视镜可以通过调整镜面的角度，也可以通过采用特殊材质或涂色降低反射系数，从而防止反射眩光。

⑤ 减少亮度对比

环境亮度与光源亮度相差越大,亮度对比就越大,对比眩光就越强。例如,一个亮着的街灯,白天行人不会注意到;而在晚上,行人就感觉街灯很刺眼。因此,适当提高环境亮度以减少亮度对比可以减小对比眩光。

5. 作业场所的光照要求

作业场所的照明要与人的生理特性匹配,达到眼睛感觉舒服和视觉效果优良。

(1) 合理照度

照度是被照面单位面积上所接受的光通量。不同的视看对象要求不同的照度。提高照度,能减少视觉疲劳,提高劳动生产率。但当照度超过 1 000 lx 时,将造成反光干扰,此时阴影深暗,对比强烈,不利作业。所以,照度的确定,既要考虑视觉需要,也要考虑经济上的可能性和技术上的合理性。

照明标准是照明设计和管理的重要依据。照度提高后,从生产率和产品质量得到的经济利益,大于照明装置的投资。因此,许多国家都趋向于采用高的照度标准。表 6-2 和表 6-3为德国、美国以及我国的照度标准。

表 6-2 德国与美国照度标准 lx

作业种类	德国(DIN)	美国(IES)
低精度装配	250	320
精密度装配	1 000	5 400
超精密装配	1 500	10 800
低精度机动车床操作	250	540
精密机床操作	500	5 400
超精密机床操作	1 000	10 800
工程绘图	1 000	2 200
图书馆、办公室	500	1 600

表 6-3 我国工厂的照度标准 lx

作业种类	作业举例	综合照明		只用一般照明
		局部照明	一般照明	
超精密	超精密机械操作,超精密检查,半导体微型件装配,精密雕刻	5 000~1 000	100~50	
精密	精密机械操作,金属检验,排字,电视机等小型产品装配,暗色布检查,裁缝	100~300	80~40	
	汽车装配修理,暗色物纺织,精密油漆作业			200~100
普通	机械加工,铸工造型,明色布检查,裁缝,控制盘	300~100	60~30	
	金属热处理,造纸,化工,喷绘,明色物纺织			100~50
粗	粗木工,钣金,印刷	100~50	40~20	
	金属冶炼,铸造,化工炉			50~20

(2) 照明的均匀性

视觉是否舒服取决于照明的均匀性。如果工作表面亮度很不相同,则眼睛从一个表面移到另一个表面时要发生适应过程。在适应过程中,使人感到不舒适,眼的视觉能力也要降低。如果经常交替适应,则整个视力将发生困难。研究表明,当亮度对比达到1∶5时,眼睛的效率受到损害,眨眼频率增加。

照明的均匀性主要从灯具的布置上来解决。对于一般作业来说,当有效工作面大体为30 cm×40 cm的范围时,其照度的差异应不大于30%。

(3) 照明的稳定性

照明的稳定性指照度保持一定值,不产生波动,光源不产生频闪效应。照度稳定与否直接影响照明质量的提高。为此,在设计上要保证在使用过程中照度不低于标准值,就要考虑到光源老化、房间和灯具受到污染等因素,适当增加光源功率,采取避免光源闪烁的措施等。

(4) 光色效果

光源的光色包括色表和显色性。

色表就是光源所呈现的颜色,例如,荧光灯灯光看起来像是日光色、高压钠灯光看上去像是金白色。

光源的显色性指当不同的光源分别照射到同样一种颜色物体上时,该物体就会表现出不同的颜色。物体的本色只有在白色光照明的条件下才会不失真。如果照明是有色的,它就会发生变化。同时,物体颜色的辨别还与照明的强度有关,一般照明强度越大,辨别率越高。在弱的照明条件下,暖色调接近红色,冷色调接近绿蓝色。在微光视觉条件下,除天蓝色外,其他颜色是辨别不出来的。

(5) 亮度分布

对于光源,亮度指发光面在指定方向的发光强度与发光面在垂直于所取方向的平面上的投影面积之比;对于反射面,亮度=照度×反射率。

视野内存在不同亮度时,就有反差存在。反差使人容易分辨前后、深浅、高低和远近,增强工作的积极性。当工作和周围环境存在适当的明暗对比的反差、柔和的阴影时,心理上会感到满意。但是,如果亮度差别很大,会使眼睛很快疲劳。

从工作方面看,亮度分布比较均匀的环境会使人感到愉快,动作变得活跃;如果只是工作面明亮而周围较暗时,动作会变得稳定、缓慢;四周很昏暗时,在心理上会有不愉快的感觉。

二、温度环境

作业温度环境主要包括空气的温度、湿度、气流速度(风速)和热辐射四种物理因素。

工作环境中的温度不仅取决于大气温度,还受太阳辐射和作业场所中热源(例如,冶炼炉、反应锅和人体等)的影响。工作环境中的温度过高或过低都会对人的身心造成一定的影响。人在高温环境下,出汗量增加,水盐代谢加快,进而导致血输出量增加,脉搏加速,胃液酸度下降,消化液分泌量减少,使消化吸收能力受到抑制;此外,高温环境还对中枢神经具有抑制作用,使大脑皮层兴奋过程减弱,影响注意力、记忆力和思维,进而在心理上使人产生烦躁情绪。中暑和热衰竭是高温作业中的易发病。人在低温环境下,体表温度降低,皮肤、血管收缩,流至体表的血流量下降甚至完全停滞,引发组织冻结,造成局部冻伤;低温环境还引起人体全身过冷,导致皮肤苍白、脉搏和呼吸减弱、血压下降以及血量、白细胞和血小板减少,引起凝血时间延长;低温环境还会影响手的精细运动灵巧度和双手的协调动作。长时间暴露于10 ℃以下,手的操作效率就会明显降低;此外,低温环境还会导致神经兴奋与传导能力减弱,出现痛觉迟钝和嗜睡状态,进而在心理上使人产生紧张、不安情绪。

工作环境中的湿度取决于工作环境中水分蒸发和蒸汽释放。它以空气的相对湿度表示。人们规定相对湿度在80%以上为高气湿;低于30%为低气湿。空气相对湿度通过影响人与环境之间的热交换,进而影响人体的温热感。在高温环境中,如果相对湿度超过50%,人的汗液蒸发功能就会显著降低,感觉闷热,如果相对湿度低于30%,就会使人呼吸道黏膜干燥,感觉不舒适。在低温环境中,如果湿度过高,空气水分会从人体吸收部分热量,人会感觉阴冷。长期的低温高湿环境,容易导致关节疼痛等疾病。

工作环境中的气流速度不仅受外界风力的影响,还受室内外温差的影响。室内外温差越大,产生的气体对流就越大。气流速度主要影响人体与环境之间的热交换以及人对空气的清新感。

工作环境中的热辐射主要指红外线及一部分可见光。太阳及工作环境中的各种热源均能产生大量热辐射。当周围物体表面温度超过人体表面温度时,周围物体表面会向人体辐射散热,称为正辐射。相反,当周围物体表面温度低于人体表面温度时,人体表面则向周围物体辐射散热,称为负辐射。正辐射有利于人体吸热取暖,负辐射有利于人体散热降温,但在寒冷季节负辐射容易使人受凉、感冒。

温度、湿度、气流速度(风速)和热辐射四种物理因素,应与人的生理特性匹配。

(一) 高温作业环境的改善

高温环境作业的优化设计主要从技术、保健和生产管理三方面进行。

1. 技术措施

技术措施主要有隔热、散热和排热等措施。

(1) 隔热主要通过合理设计工艺流程和屏蔽热源来实现。

(2) 散热主要通过降低湿度和增加气流速度来实现。

(3) 排热主要通过换气和释放冷气来实现。

2. 保健措施

(1) 合理供给饮料和补充营养。高温作业者大量出汗,应及时补充适当的水分与盐分,以免脱水或水盐代谢紊乱。

(2) 合理使用劳保用品。高温作业的工人,应穿戴好耐热、导热系数小、透气性好的工作服。

(3) 进行职工适应性检查。人的热适应能力有较大差别,患有心血管器质性病变、高血压、溃疡、肺、肝肾等病患的人不宜高温作业。因此,就业前应该进行职工适应性检查。

3. 生产组织措施

(1) 合理安排工作负荷。在高温环境下作业,工人不得不放慢作业速度或增加休息次数来维持肌体热平衡。因此,应科学合理地安排生产和休息的时间,并通过技术措施,尽量减少高温条件下作业者的体能消耗。

(2) 合理安排休息场所。作业者在高温作业时身体积热,需要适时离开高温环境进行休息,恢复热平衡机能。为高温作业者提供的休息室中的气流速度不能过高,温度不能过低，否则会破坏皮肤的汗腺机能。温度在 20～30 ℃之间最适用于高温作业下身体积热后的休息。

(3) 职业适应。对于新上岗或重新从事高温作业者，应给予一定的适应时间，使其逐步适应高温环境。

此外，工作环境涂着冷色，会给作业者带来清凉的感觉，能起到心理降温作用，心理降温常见的方法还有：做深呼吸，想象美好的事物等。

(二) 低温作业环境的改善

低温环境作业的优化设计可以从技术、防护、提高工作负荷三方面进行。

技术上主要是做好采暖和保暖工作。低温环境中，作业者应该穿热阻值大、吸汗性好、透气性强的御寒服装。提高工作负荷，可以使作业者降低寒冷感。但应该注意及时补充高热值的饮料、食物以及工间休息。

此外，工作环境涂着暖色，会给作业者带来温暖的心理感觉。

三、色彩环境

色彩能改变工作环境气氛，具有唤起人的联想和情感的效果，影响作业者的视觉印象。故应该重视色彩对人的物理的、生理的和心理的作用，重视色彩与人的心理特性匹配，以期在工作设计中创造富有性格、层次和美感的色彩环境。

(一) 色彩设计基础

1. 色彩的本质

色觉是一种复杂的生理心理现象。人们能感受到各种不同的颜色，是由于不同波长的可见光线作用于人眼视网膜上，并在大脑中引起主观印象的缘故。对发光物体的色觉，取决于发光物体所辐射的光谱的波长。对于不发光体的色觉，取决于该物体所反射的光谱的波长。

2. 颜色基本知识

(1) 分类

颜色可以分成两个大类，无彩色系和有彩色系。

无彩色系是指白色、黑色和由白色、黑色调和形成的各种深浅不同的灰色。

彩色是指红、橙、黄、绿、青、蓝、紫等颜色。不同明度和纯度的红、橙、黄、绿、青、蓝、紫色调都属于有彩色系。有彩色是由光的波长和振幅决定的，波长决定色相，振幅决定色调。

(2) 色彩三个基本特征

色彩具有色调、明度和饱和度(彩度)三个基本特征。

色调是一定波长的光在视觉上的表现，即红、橙、黄、绿、青、蓝、紫的色感。色调是由波长决定的，例如，700 nm 光的色调是红色，579 nm 光的色调是黄色。

明度是指颜色的亮暗程度，即颜色的明暗与深浅。例如，红色就有紫红、深红、浅红等深浅之别；再如，在红、橙、黄、绿、青、蓝、紫中，蓝和紫的明度最低，红和绿明度中等，而黄色明度最高。在非彩色中，白色明度最高，黑色明度最低。

彩度又叫纯度、饱和度，是指某种颜色含该色量的饱和程度。波长越单一，颜色就越纯和、鲜艳。当某一种颜色达到饱和，而又无白色、灰色或黑色渗入时，即呈纯色，若有黑、灰色渗入，即为过饱和色，若有白色渗入，即为未饱和色。标准色的彩度最高(其中红色最高，绿色稍低,其他颜色居中),白、灰、黑的彩度最低,为零。

(3) 颜色的混合

色彩的混合分为加色法和减色法。

① 加色法

任何颜色都可由三原色混合而成。色光混合是加色法。它是两种以上颜色辐射直射到视网膜的同一区,引起同时兴奋。加色法的三原色是红、绿、蓝。

② 减色法

颜料、油漆的混合配色是减色法。它是利用不同波长的光线在新混合的颜色微粒中逐渐被吸收而引起的,即白光照射后,光谱的某些成分被吸收,其余的被反射。减色法的三原色是黄、青、紫。

(4) 颜色混合遵循规律

① 补色律

凡两种颜色以适当比例相混合得到白色或灰色(非彩色),这两种颜色为互补色。例如,红色和青色、黄色和蓝色、绿色和紫色等是互补色。

② 中间色律

任何两个非补色相混合便产生中间色。这种中间色的色调介于两个混合颜色的色调之间。例如,红色和黄色混合得出橙色,蓝色和绿色混合得出青色。

③ 代替律

相似色混合后仍相似。

3. 色彩对人体的影响

(1) 颜色对生理的影响

对视疲劳的影响:就引起视疲劳而言,蓝、紫色最甚,红、橙色次之,黄绿、绿蓝、绿、淡青等颜色引起视力疲劳最小。

眼睛对不同色光的敏感性:其中眼睛对黄色最敏感,故常用黄色作警戒色。

对人的生理机能的影响:红色会使人的各种器官机能兴奋和不稳定,有促使血压升高及脉搏加快的作用。而蓝色则会使人的各种器官机能稳定,起降低血压及减缓脉搏的作用。黄红颜色有增加食欲的作用。绿黄色及紫色在心理上起中性作用。

(2) 颜色对心理的影响

不同的色调、色系、明度、彩度,对人的心理会产生不同的影响,表 6-4 至表 6-8 给出了它们之间的关系。

表 6-4　色调与人的心理效应

颜色	心理效应
红	激情、热烈、喜悦、吉庆、革命、愤怒、焦灼
橙	活泼、欢喜、爽朗、温和、浪漫、成熟、丰收
黄	愉快、健康、明朗、轻快、希望、明快、光明
绿	安静、新鲜、安全、和平、年轻、生机、活力
蓝	空旷、沉静、舒适、纯朴、端庄、稳重
青	沉静、冷静、冷漠、孤独、空旷

续表 6-4

颜　色	心 理 效 应
紫	庄严、不安、神秘、严肃、高贵
白	纯洁、朴素、纯粹、清爽、冷酷
灰	平凡、中性、沉着、抑郁
黑	黑暗、肃穆、阴森、忧郁、严峻、不安、压迫

表 6-5　　色系与人的心理效应

色系	颜色	冷暖感	兴奋和抑制感	进退感	膨胀和收缩感
暖色系	红、橙、黄	感觉温暖	感觉兴奋	感觉近	感觉大些
中间色	绿、蓝、青	不冷不热		感觉近	
冷色系	黄绿、紫	感觉寒冷	感觉沉静	感觉远	感觉小些

表 6-6　　明度与人的心理效应

明　度	颜　色	心 理 效 应
明调	含白成分	透明、鲜艳、悦目、爽朗
中间调	平均明度及面积	呆板、无情感、机械
暗调	含黑成分	阴沉、寂寞、悲伤、刺激
极高调	白至淡灰	纯洁、优美、细腻、微妙
高调	白至中灰	愉快、喜剧、清高
低调	中至灰黑	忧郁、肃穆、安全、黄昏
极低调	黑加少量白	夜晚、神秘、阴险、超越

表 6-7　　明度高低与人的心理效应

明度	轻重感	轻松和压抑感	软硬感	清洁感
高	感觉轻	感觉轻松	感觉柔软	感觉清洁
低	感觉重	感觉压抑	感觉坚硬	感觉肮脏

表 6-8　　彩度与人的心理效应

彩　度	颜　色	心 理 效 应
鲜艳度	含白成分	鲜艳、饱满、充实、理想
灰度	含黑及其他色成分	沉闷、浑浊、烦恼、抽象

(二) 色彩调节的作用

选择适当的色彩，利用色彩的效果，构成良好的色彩环境，就是色彩调节。通过色彩调节，营造与人的心理匹配的色彩环境，可以改变人对环境的印象：

(1) 增加明亮程度，提高照明效果。例如，对光线不足，使人感到冷落、闭塞的车间，刷涂白色、淡黄、蓝绿色可改变照明效果，造成明朗气氛。

(2) 标志明确,识别迅速,色彩可用来预防生产事故。例如,工厂里一些危险品、重要开关、报警信号装置等,一般都采用红色作标志。使人对危险的反应成为“自动”的行为,这就是颜色在作业区的重要编码功能。

(3) 改变人的情绪和注意力,减少差错率,提高作业效率和生产安全。

(4) 使人感到心情舒畅,减轻疲劳。例如,在某些车间里,由于机器不停地转动,机件来回运动,明和暗快速地变换,会使人眼花缭乱,精神紧张而疲劳。为改变这种环境状况,可在那些运动着的部件上,涂上色调一致、和谐的色彩。

(5) 改变人对工作环境的温度感。例如,在温度高的车间,涂刷草绿、浅蓝、蟹青色,会使人有凉爽感,对温度较低的场所,涂以朱红色,可使人产生暖热感。

(6) 使工作场所变得清新、洁净,增加环境的安静感。例如,在多噪声的车间涂刷绿色、紫罗蓝色,可增加环境的安静感。

(三) 色彩调节的分类

1. 工作环境用色

颜色的选用应考虑颜色的生理和心理效应以及工作环境的用途和性质,使其与人的生理和心理特性匹配。

(1) 色调

首先,色调的选择必须结合工作环境的特点和性质,选择暖色还是冷色应考虑如何恰当地改变人们对温度、宽窄、大小、情绪、安全、舒适、疲劳等心态,以及某些影响生理过程的需要。例如,在阴暗的房间,采用暖色,可以增添亲切温暖的感觉;在阳光充足的房间,采用冷色,可起减低室温感的作用。在低矮的房间常采用轻远感的色彩,可以减少室内空间的压抑感;对于空旷的房间,采用具有收缩感的色彩,可以避免使人感到室内空旷。

其次,色调不能单调,否则容易引起单调感,加速视疲劳。

第三,色调组合要有对比感,并能产生协调、渐变的效果。一般上方应设置较明亮的颜色,下方设置稍暗的颜色,以获得丰富色彩层次、扩大视觉空间、加强空间的稳定感。反之,会产生头重脚轻的负重感。

在具体的色彩环境中,各种颜色是互相作用而存在的,在协调中得到表现,在对比中得到衬托。离开具体环境讨论色彩,毫无意义,有时候正好相反。例如,深色天花板等。

(2) 明度

首先,明度的选择也要结合工作环境的特点和性质。例如,在旅馆门厅等一些逗留时间短暂的公共场所,适当使用高明度、高彩度色彩,可以获得光彩夺目、热烈兴奋的气氛。在住宅居室、病房、办公室等房间里,采用各种调和灰色可获得安定柔和、宁静的气氛。

其次,要有合适的明度。明度不能太高和太悬殊。

(3) 彩度

彩度不能太高,否则将给人以强烈的刺激,令人感到不安,并分散注意力。除非警戒色,一般在设计时都要避免使用彩度高的色彩。

2. 机器设备和工作面用色

设备的主要部件、辅助部件、控制器、显示器应该按照规范要求配色。为了防止误操作,主要部件、可动部分和特别需要注意的地方也应涂以特殊色彩。具体应注意:

(1) 设备、工作台面的配色应该与其功能相匹配。一般工业设备外表和外壳宜采用黄绿、翠绿、浅灰和驼色等色。

(2) 设备、工作台面的配色应该与环境色彩匹配。营造宁静、明亮、宽敞、舒适的工作色彩环境。

(3) 危险与示警要醒目。为防止误操作，主要部件、可动部分和需要注意处应涂以特殊色彩。例如，消防设施大都用彩度较大的红色。

(4) 控制器、显示器和关键部位的配色要不同于背景用色，以利认读。按钮、开关等均应使用不同的色彩编码，例如，绿色按钮表示“启动”，红色按钮表示“停止”等。

(5) 加工物件与机器、工作台面间的配色和亮度必须有显著的差异，形成色彩对比，加强视觉识别能力。若加工物件色彩鲜明，机器则配灰色；若加工物件色彩暗淡，机器则配鲜明色彩。

3. 安全标志用色

用色彩传递安全信息，能够使人们迅速发现和分辨安全标志，早已被世界各国所采用。国家标准《安全色》(GB 2893—2008)规定安全色为红、黄、蓝、绿四色，相应的对比色为非彩色。如表 6-9 所示。国家标准《安全标志及其使用导则》(GB 2894—2008)规定了传递安全信息的标志及其设置、使用的原则。图 6-5 为部分安全标志。

表 6-9　　安全色的颜色表征及其对比色

安全色	颜色表征	对比色
红色	传递禁止、停止、危险或提示消防设备、设施的信息	白色
蓝色	传递必须遵守规定的指令性信息	白色
黄色	传递注意、警告的信息	黑色
绿色	传递安全的提示性信息	白色

图 6-5　部分安全标志

4. 技术标志用色

(1) 色彩应用于技术标志中,表示材料、设备或包装物。表6-10列出了部分物质的色彩及其标准色。

表6-10　　部分物质的色彩及其标准色

种类	色彩	标准色	种类	色彩	标准色
水	青	2.5PB5/5	酸	橙	
汽	深红	2.5R3/6	碱	紫	2.5P5/5
空气	白	N9.5	油	褐	7.5YR5/6
氧	蓝		电气	浅橙	2.5YR9/6
煤气	黄	2.5Y8/12	真空	灰	

(2) 色彩用作技术信息的载体。例如,红色表示紧急、禁止、停止、错误操作等;黄色表示示警信号;绿色表示正常、允许等;蓝色表示工作正常;白色表示准备运行等。

5. 其他方面用色

色彩可以从心理上减轻人们对环境污染因素的不良感受。例如,选择彩度高、明度低的色彩(例如,红色、青紫色)可在某种程度上减轻人对空气中毒物和粉尘污染的不良感觉。

四、有毒环境的防治

1. 对空气污染的防治

(1) 低硫燃料和改善燃烧

选择无硫或低硫燃料,或采取预处理法去硫。改善燃烧方法,使燃料充分燃烧,减少一氧化碳和氮氧化合物。

(2) 排烟净化

利用排烟净化技术,从排烟中去除 SiO_2 和 NO_x。

(3) 控制交通废气

通过改进发动机的燃烧设计,采取废气过滤等措施,控制交通废气。

(4) 减少毒源

尽量采用低毒或无毒的原材料。

(5) 降低毒物浓度

降低作业场所毒物浓度。例如,矿井采矿场应加强通风,实行湿式凿岩等。

(6) 防止跑、冒、滴、漏

改革工艺,使生产过程机械化、自动化。实现设备、管道或加工环节的密闭化,防止跑、冒、滴、漏,使毒源与操作者隔开。

(7) 三废处理或回收

对废气、废水、废渣在排放前要先行处理或回收,最好能综合利用,变废为宝。

(8) 加强个体防护

例如,用防毒面具、胶靴、手套、防护眼镜、耳塞、工作帽,或在皮肤暴露部位涂以防护油膏。

(9) 包装及容器的强度

包装及容器要有一定强度，经得起运输过程中正常的冲撞、振动、挤压和摩擦，以防毒物外泄，封口要严，且不易松脱。

(10) 加强绿化

厂房要合理布局，加强绿化。据测定，10 m^2 的林木，一天约吸收 1 kg 二氧化碳，放出 0.7 kg 氧气；1 km^2 柳杉树，每年可吸收二氧化硫 720 kg；刺槐每平方米叶面可滞尘 6 g 多，榆树滞尘高达 20 g 等。

2. 防尘途径

防尘的主要途径是改进工艺、加强通风、密封操作、水式作业。此外，还可设置高效除尘、除毒装置以及实行遥控操作。

五、振动和噪声环境

(一) 振动的控制措施

1. 振动对生理的影响

振动影响人的视觉认知能力、信息处理能力、操作能力和运动协调能力；长期接触强烈的振动，人的循环系统、消化系统、神经系统、血液循环系统、呼吸系统、新陈代谢会受到不同程度影响，出现晕眩、呕吐、恶心、平衡失调等现象；强烈振动能造成骨骼、肌肉、关节和韧带损伤，当振动频率和内脏的固有频率接近时，还会造成内脏损伤。

2. 振动对心理的影响

对刚超过感觉阈的振动，人们一般并不感觉到不舒适，多数人是可容忍的；当振动强度大到一定程度，人就感到不舒适，这时并没有生理上的影响；振动强度进一步增加，超过疲劳阈时，人的精力、注意力、作业效率都会受到影响，一般振动停止后，这些影响可以消除；振动的强度继续增加，超过危险阈时，不仅会对心理、生理产生影响，还会导致病理性的损伤和病变。

3. 振动与安全

由于振动干扰视觉，影响手的动作，精力也难以集中，从而造成操作速度下降、作业效率降低，诱发事故。

4. 振动的控制措施

很多情况下，振动是不能完全消除或避免的，对振动的防护主要是如何减少和避免振动对作业者的危害。主要从技术、组织管理和保健等方面进行控制。

通过工艺设备、操作方法以及改进作业工具和加装减振器等措施，可以减轻振动的强度。

制定科学合理的劳动制度，适当安排工间休息，实施人员轮流作业等措施，可以减轻振动对人体的伤害。

加强保健措施，做到提前预防。一方面要合理使用劳动防护用品，例如，防振的劳动防护用品主要是防护垫；另一方面，要实施作业前体检和定期体检，并做好振动病的早期防治。

(二) 噪声的控制措施

1. 噪声对生理的影响

不同的噪声强度对人的影响不同，低强度噪声对人是无害的，高强度噪声会危害人的生理健康。强噪声能够对正常语言进行掩蔽，影响人的听觉和对危险信号的觉察；强噪声还会引起脉搏加速、心律不齐、血压升高、供血减少以及毛细血管收缩，引起新陈代谢破坏和血液成分改变。长期处于强噪声环境中，会使胃的正常活动受到抑制，导致胃肠炎和胃溃疡发病概率升高；90 dB 以上的噪声可以造成植物性神经系统功能紊乱、血压不稳、肠胃功能紊乱等。此外，噪声还影响人的视觉，造成视力下降，蓝绿色视野增大，红色视野减小。

2. 噪声对心理的影响

噪声影响人的情绪，使人紧张、烦躁、生气、多疑和易怒，更加具有侵犯性；噪声会干扰、分散人的注意力，意外的强噪声会惊扰人的注意，使正在进行的活动和思路瞬间停止；高声压级噪声使大脑皮层兴奋和抑制失调，脑功能紊乱，对心理产生压制，改变血压，导致烦躁、幻觉等。

3. 噪声与安全

噪声不但影响作业效率，同时也影响工作质量和安全。

(1) 对于脑力劳动、需要高度技巧、精力高度集中的工作，噪声会影响人的注意力和思路，引起差错、降低作业效率。而对非常单调的工作，中等强度的噪声却像一只闹钟，反而会产生有益的效果。

(2) 对于需要经过学习后才能从事的工作，噪声将会降低工作质量；对于不需要集中精力进行的工作，人会对中等噪声级的环境产生适应，但要保持原有的生产能力，需消耗较多的精力，从而会加速疲劳。

(3) 强噪声环境能够遮蔽危险报警信号和交通运行信号，易诱发事故。

此外，噪声还可以损坏建筑物、伤害动物和人体。

4. 噪声作业环境的优化设计

(1) 噪声源的控制

消除与降低噪声首先应选择低噪声的设备，选用噪声小的材料，或通过改善生产工艺，改进机械产品设计，合理设计传动装置等方式，使噪声源产生的噪声强度减小。另外，封闭噪声源或调整噪声源方向也是消除噪声的有效途径。封闭噪声源一般利用隔音材料、隔音间、隔音罩将产生噪声的机器密封起来；调整噪声方向一般将噪声出口指向天空或旷野。

(2) 噪声传播的控制

① 工厂的总体布局

全面考虑工厂的总体布局，将噪声车间设置在远离行政办公场所与居民区处，并在车间周围建隔声墙、防护林、草坪，在建筑物内墙、天花板、地面等处装上吸声材料。

② 控制噪声传播的途径

控制噪声传播的途径主要有隔声、消声、吸声以及隔振与阻尼等。

隔声就是利用隔声性能良好的墙、门、窗、罩等，把噪声源与周围环境隔绝起来，也可以把需要保持安静的场所与周围环境隔绝起来，例如，建立隔音操作间等。

吸声就是利用玻璃棉、矿渣棉等多孔材料做成一定结构，安装在室内墙壁或吊在天花板上，吸收室内的反射声，或安装在消声器或管道内壁上，增加噪声的衰减量。

消声就是在产生噪声的设备上安装消声器，消除机械气流噪声。

隔振与阻尼隔振就是在机械设备下面安装减振器或减振材料，以减少或阻止振动传到地面，常用的减振器有弹簧类、橡胶类、软木、毡板、空气弹簧和油压减振器等。减振阻尼就是用阻尼材料涂刷在薄板的表面，以减弱薄板的振动，降低噪声辐射。常用沥青、塑料、橡胶等高分子材料作阻尼材料。

③ 个人防护

护耳器是个体防护噪声的常用工具，种类有耳塞、防声棉、耳罩、帽盔等。

④ 音乐调节

与噪声相反，乐音能够减轻作业者的精神紧张，缓解单调感和精神疲劳，提高作业效率和生产安全。1921年，美国人E. L. Gatewood曾经成功利用音乐提高了建筑工人的制图作业效率。二战时期，为了提高作业效率，还产生了背景音乐和产业音乐。

六、辐射作业环境

辐射作业环境分电离辐射作业环境和非电离辐射作业环境两种。

1. 电离辐射作业环境

电离辐射是一切能引起物质电离的辐射总称，其种类很多，高速带电粒子有α粒子、β粒子、质子，不带电粒子有中子以及X射线、γ射线。

电离辐射环境的防护措施如下：

(1) 减少对人体的外照射剂量：尽量缩短照射时间；尽可能距离放射源远一些；射线较强时要用屏蔽材料，使人员与放射源隔离。

(2) 严格遵守操作规程，养成良好的卫生习惯，防止放射性物质进入人体形成内照射。

(3) 对操作放射性物质的场所要经常测量外照射剂量和空气中、工作面上的放射性强度是否符合国家标准。

(4) 严格按照标准规定使用防护用品。做好就业前和定期的身体检查。

2. 非电离辐射作业环境

(1) 射频辐射

防护措施的基本原则是：屏蔽辐射源、加大辐射源与作业点的距离，以及个人防护。对射频辐射的防护应根据需要的方式，用铁、铝、铜等金属屏蔽场源；使作业点与场源尽量远；敷设吸收材料层，吸收辐射能量；穿戴防微波防护服等个体防护用品。

(2) 红外线辐射

对红外线辐射的防护措施主要有：接触红外线辐射的操作者佩戴护目镜；采用隔热保湿层、反射性屏蔽、吸收性屏蔽及穿戴隔热服。反射性铝制遮盖物和铝箔制衣服用于减少红外线暴露和降低热负荷。

(3) 紫外线辐射

防止紫外线伤害的措施主要有：通过防护屏蔽和保护眼睛、皮肤的个体防护用品；电焊作业地点隔离，防止辐射他人；采用自动或半自动焊接增大与辐射源的距离；佩戴专门的面罩、防护眼镜，以及适宜的防护服和手套。

(4) 激光

对激光的防护措施：采用工业电视、安全观察孔监视的隔离操作，整体光束通路应完全隔离，必要时设置密闭防护罩；严禁用眼直观激光束；作业场所地面墙壁、天花板、门窗、工作台采用暗色不反光材料和毛玻璃；穿着防燃工作服，佩戴防护眼镜前须经专业人员鉴定。

复习思考题

（一）知识性习题

（1）名词解释：气质、性格、情绪、情感。

（2）简述注意的分类。

（3）简述非理智行为的心理因素。

（4）简述作业环境的光照要求。

（5）简述如何防止眩光。

（6）简述色彩环境设计。

（二）研究性习题

某机械加工企业拟扩大生产经营规模，现新建一加工车间用于开展五金冲压业务，请设计该车间的光照及色彩环境。

第七章　作业与疲劳

☞ **教学目标**

1. 知道作业时人的生理变化特点，熟悉人体的生理学参数（耗氧量、摄氧量、需氧量、氧债、最大心输出量）的定义和计算方法；

2. 知道疲劳概念、分类、症状；

3. 掌握疲劳的测量方法、疲劳的机理、影响因素、疲劳的改善与消除。

☞ **教学的重点、难点**

1. 教学重点：氧债、疲劳的产生机理、测量方法、疲劳的影响因素、疲劳的改善与消除；

2. 教学难点：疲劳的测量方法。

第一节　人在作业时的生理变化

作业时机体通过神经-体液的调节，使各器官系统之间取得协调，以适应生产劳动的需要。致使人体产生一系列的生理变化，例如，心血管系统中可出现心率加快、血压上升以及血液成分和血液再分配的变化；呼吸系统、排泄系统和代谢方面亦出现相应的变化。进而导致心率、耗氧量、肌电图、脑电图、频闪值等一系列生理指标发生改变。通过测定人的生理学参数，可以科学地推断人从事某种活动所承受的生理负荷，并据此合理安排劳动定额和节奏，从而提高工效和安全。

一、能量消耗

人类的劳动是体力劳动与脑力劳动相结合进行的，不同类型的劳动可有所偏重。作业时，全身各器官系统都要消耗能量，由于骨骼肌约占体重的 40%，所以体力劳动的能量消耗较大。

体力劳动时，供给骨骼肌活动的能量来自细胞中三磷酸腺苷（ATP）的分解。由于肌细胞中的 ATP 的贮量有限，所以在能量释放的同时，必须及时补充肌细胞中的 ATP。

体力劳动时，补充消耗 ATP 的过程有三条途径。

（一）ATP-CP 系列

三磷酸腺苷（ATP）和磷酸肌酸（CP）都具有高能磷酸键，是体内用以储存和传递能量的物质。当肌肉开始收缩时，三磷酸腺苷迅速分解生成二磷酸腺苷（ADP），同时释放能量。此时磷酸肌酸迅速分解，提供高能磷酸键，使 ADP 还原成 ATP。因此称为 ATP-CP 系列。

$$ATP + H_2O \longrightarrow ADP + Pi + 29.4\ kJ/mol$$

$$CP + ADP \rightleftharpoons Cr(\text{肌酸}) + ATP$$

ATP-CP 系列产能的速度快，但由于 CP 的含量有限，安静时肌肉中 CP 的浓度约为 ATP 的 5 倍，当肌肉收缩时，ATP 迅速分解，CP 补充的能量仅供肌肉活动几秒至1 min。

（二）需氧系列

在人体中，氧化是产生能量的主要方式。当从事中等强度作业或正常脑力劳动时，机体能够提供代谢所需的氧，体内营养物质（糖、脂肪、蛋白质）通过氧化过程产生能量供合成 ATP 之用。

中等劳动强度下，ATP 以中等速度分解，1 mol 葡萄糖能相应合成 38 mol ATP；1 mol 脂肪能相应合成 130 mol ATP。开始阶段，以糖的氧化磷酸化为主，随着时间的延长，脂肪的氧化磷酸化转为主要过程，正常情况下，一般不动用蛋白质作能源。

在有氧氧化产能过程中，由于营养物质氧化完全，产能效率高，能量逐步释放，因此利用效率也高。体内没有过多的乳酸蓄积，所以不易产生疲劳，劳动可以持续较长时间。

（三）乳酸系列

当进行大强度作业或剧烈运动时，机体不能提供代谢所需的氧。在缺氧或无氧条件下，只能通过糖酵解的方式产生能量供合成 ATP 之用。与有氧氧化相比，这种方式产生能量少（例如，1 mol 葡萄糖只能产生 2 mol ATP），同时产生大量的乳酸，乳酸是一种致疲劳性物质，所以乳酸系列提供能量的过程只能维持较短时间，机体容易产生疲劳，劳动不能持久。但是，这种方式产能速度快，较有氧氧化产能快 32 倍。因此，乳酸系列不失为人体产生能量的应急措施。

无氧糖酵解时，肌肉消耗能量做功的效率不高，正常活动时所消耗的能量只有 20%～25%转变为有用的机械能，其余均以热能的形式释放掉。

二、氧的消耗

研究表明：劳动过程中机体的能量消耗与氧消耗之间有着精确的相关关系，劳动强度越大，消耗的能量就越多，需要氧的量也越多。

（一）基本概念

（1）需氧量

体内单位时间所需要的氧气量叫需氧量。成年人安静时需氧量为 0.2～0.3 L/min。

作业时随劳动强度的增加，需氧量也增多，供氧能否满足人体活动时的需氧量，取决于人体的循环、呼吸机能状态。

劳动及劳动结束后恢复期所需氧量之和称为总需氧量。

$$V_{O_{2z}} = V_{O_{2l}} t_1 + V_{O_{2h}} t_h - V_{O_{2j}} (t_1 + t_h) \tag{7-1}$$

式中 $V_{O_{2z}}$——劳动时的总需氧量，mL/min；

$V_{O_{2l}}$——作业期摄氧量，mL/min；

$V_{O_{2h}}$——恢复期摄氧量，mL/min；

$V_{O_{2j}}$——安静时平均需氧量，一般为 250 mL/min；

t_1——作业时间，min；

t_h——恢复时间，min。

(2) 摄氧量

单位时间内人体通过循环、呼吸系统所能够摄入的氧气量称摄氧量。

人在繁重体力劳动时，循环、呼吸系统的功能经 1～2 min 达到极限摄氧能力，这时，单位时间内的摄氧量叫最大摄氧量。

(3) 耗氧量

人体单位时间内所消耗的氧气量叫耗氧量。一般耗氧量和摄氧量大致相等。

人在繁重体力劳动时，单位时间内的耗氧量叫最大耗氧量 $V_{O_{2max}}$。此时，最大耗氧量近似等于最大摄氧量。最大耗氧量可达安静休息时的 30 倍，可达到 3～6 L/min。

最大耗氧量取定于年龄(AG)、性别、海拔、训练、强度、持续时间等。

(二) 氧债和劳动负荷

(1) 氧债

剧烈活动时，呼吸、循环机能跟不上氧需，致使肌肉缺氧，这时摄氧量与需氧量的差叫氧债。

缺氧时，能量必须以无氧分解代谢提供，体内要透支 1 L 氧，大约要产生 7 g 乳酸。

氧债能力，一般人约为 10 L，训练有素的运动员可达 15～20 L。氧债能力衰竭，血液中的乳酸量会急剧上升，pH 迅速下降，这对肌肉、心脏、肾脏及神经中枢都很不利。

(2) 劳动负荷的分类

① 常量负荷：非繁重劳动时，需氧量小于最大摄氧量。

在作业开始 2～3 min 内，呼吸、循环系统暂时略欠氧债。其后转入稳定状态，这是人体可以持久作业的最理想状态。稳定状态结束后，归还所欠氧债，见图 7-1。

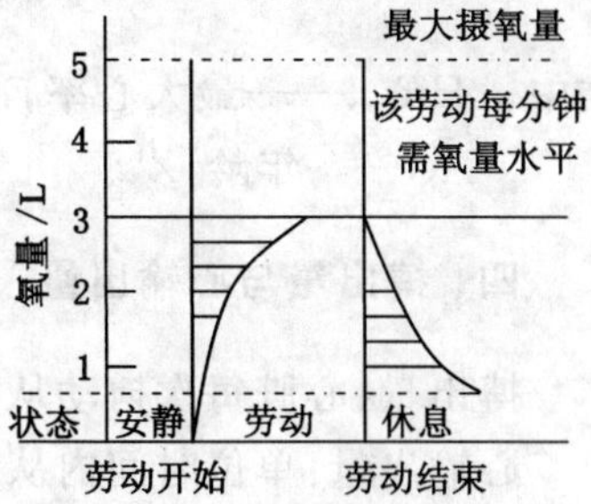

图 7-1　常量负荷时需氧量小于最大摄氧量

② 高量负荷：劳动强度较大，需氧量已接近或等于最大摄氧量的负荷。此时，氧债也是在需氧量上升期间出现，到达最大摄氧量后，便维持稳定状态，见图 7-2。

③ 超量负荷：劳动强度过大，需氧量超过最大摄氧量，人体一直在缺氧状态下，形成较大氧亏，处于"假稳定状态"下的负荷，见图 7-3。

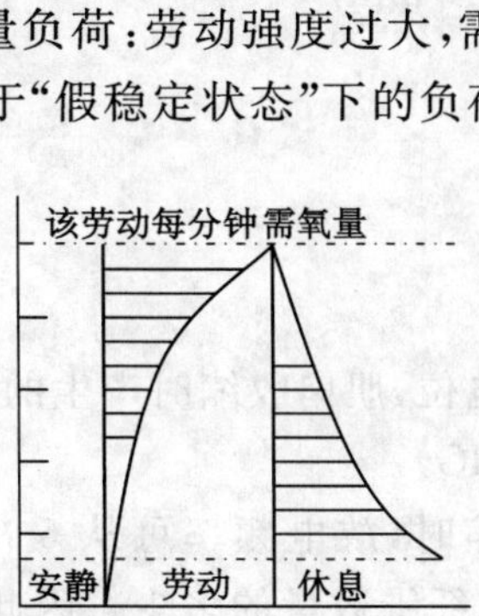

图 7-2　高量负荷时需氧量等于最大摄氧量

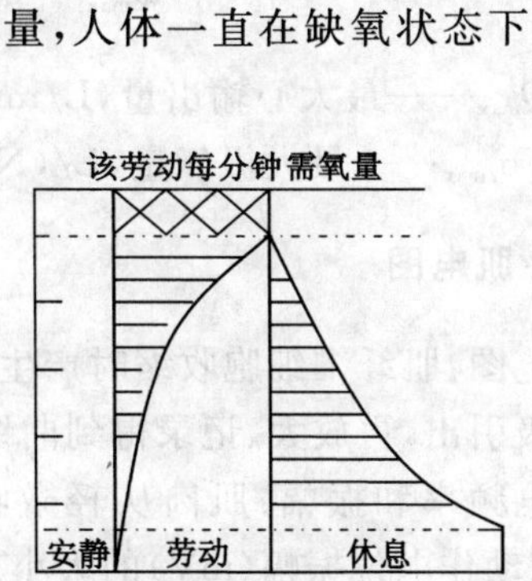

图 7-3　超量负荷时需氧量大于最大摄氧量

超量负荷时，当心肺功能的惰性逐渐克服后，每分钟需氧量仍高于最大摄氧量，运动强度的持续，局限在氧债能力范围内，活动不能持久。劳动结束后，人体还要继续维持较高的氧需以补偿欠下的氧债。

三、心率的变化

（一）心率

单位时间内心室跳动的次数称为心率（HR）。

心率和劳动强度密切相关。正常人安静时的心率约 75 次/min。在作业开始前 1 min，由于心理作用，心率稍有增加。作业开始后，为适应供氧要求，前 30～40 s 内迅速增加，以后缓慢上升。一般经 4～5 min 达到与劳动强度适应的稳定水平。轻作业，心率增加不多；重作业，能上升到 150～200 次/min。青年人中，当以 50％的最大摄氧量工作时，男子心率约为 130 次/min，女子为 140 次/min。

（二）最大心率

当作业者达到最大负荷时心室每分钟跳动的次数称为最大心率（HR_{max}），最大心率几乎无性别差异，都随着年龄（AG）的增加而下降，近似计算式：

$$HR_{max} = 209.2 - 0.74AG \text{（次 /min）} \tag{7-2}$$

式中 HR_{max}——最大心率，次/min；

AG——年龄，岁。

四、搏出量与心输出量

搏出量：心脏每次搏动从左心室注入主动脉的血液量称为搏出量。

心输出量：单位时间内从左心室射出血量叫心输出量（Q）。

重作业时，心脏每搏输出血液量由安静时的 40～70 mL 可增大到 150 mL，每分钟输出血量可达 15～25 L，有锻炼的人可达 35 L/min。

最大摄氧量与最大心输出量关系：

$$Q_{max} = 6.55 + 4.35Vo_{2max} \quad \text{(L/min)} \tag{7-3}$$

式中 Q_{max}——最大心输出量，L/min；

Vo_{2max}——最大摄氧量，L/(N · min)。

五、肌电图

肌电图：肌纤维细胞收缩时产生生物电位——动作电位，肌肉收缩时产生的动作电位可通过电极引出，再放大、记录得到曲线叫肌电图（简称 EMG）。

放电频率和振幅：肌肉从轻微收缩增加到最大收缩时，放电频率可从 5 次/s 增加到 50 次/s。动作电位振幅（mV）的大小反映了参加收缩的肌纤维数量的多少。因此，通过肌电图可以测定肌肉收缩的强度。

肌电图在安全人机工程学上的应用主要是作业设计、作业姿势、机械和工具设计的人性化、合理化和最优化研究。在工业座椅、家用沙发和床等尺度的研究中，肌电图是一个实用的评价指标。一个具有良好人机工程学设计的工业座椅能有效地减少人体不必要的能量消耗，提高工作效率；一个舒适的坐姿或者卧姿可使全身肌肉放松，这种放松程度，可通过肌电图来评价。

六、呼吸量

人体作业时，新陈代谢率增高，氧气的消耗量与二氧化碳的呼出量都随着活动量而增多。

呼吸频率由平静时的12～18次/min，增加到40～50次/min；极大强度劳动时可达60次/min；呼出量由平静时的500 mL升到2 000 mL以上；肺通气量由平静时的6～8 L升到100 L以上。静力作业时，呼吸浅而少；疲劳时，呼吸变浅而且快，肺通气量无明显增加。

七、脉搏数

主要是测定与疲劳程度有关的刚结束作业的脉搏数、脉搏积及回复到安静时脉搏数所用的时间。其中脉搏积的计算公式为：

$$\text{脉搏积} = \text{脉搏数} \times \text{最高最低血压差} \div 100 \tag{7-4}$$

八、发汗

发汗是肌体散热维持恒定体温的有效途径，发汗量是高温下劳动或重体力劳动肌体丧失水分程度的标志。发出大量汗水可造成脱水，因此对发汗量及汗液化学成分等应进行测定，可以防止高温中暑等疾病。

在安静状态下，当气温达到28±1 ℃时便发汗；如果空气湿度高且穿衣较多，气温达到25 ℃时即发汗；劳动时，气温在20 ℃以下，也会发汗。劳动强度越大，发汗量越显著。

九、血液成分的变化

安静状态时，人体血糖含量为5.6 mol/L，劳动强度较大或劳动时间过长，肝糖原贮备不足，血糖浓度下降，当降低到正常浓度的一半时，表明糖原贮备耗竭，不能再持续工作。同时，血液中乳酸含量增多，安静状态下约为1 mol/L，极重体力劳动时可达15 mol/L。通过测量与疲劳关系密切的pH、血糖量、血红蛋白量、乳酸含量等，可以略知人体的劳动强度。

十、脑电图

人无论是处于睡眠还是觉醒状态，都有来自大脑皮层的动作电位（脑电波）。

在头部表皮上通过电极和高感度的低频放大器可测得这种生物电现象。即得到脑电图（EEG）。

利用脑电波的频率和幅值可评价人大脑的觉醒状态。在人机工程学研究领域内，常利用脑电波研究环境与人的关系，例如，噪声、室温、床类用具尺度及质地等对睡眠深度的影响。在作业领域，它与事故的发生和防止有密切的关系。

表7-1为日本人桥本对大脑意识状态的划分。

表 7-1　　日本桥本对大脑意识状态的划分

脑波名称		脑波频率/Hz	意识层次	意识状态	注意力	生理状态	事故潜在性
慢波	δ波	0.5～3.5	阶段0	失去知觉、无意识、无反应能力	零	睡眠	成人在觉醒时出现慢波可诊断为大脑异常
	θ波	4～7	阶段Ⅰ	知觉能力的下降，发呆、发愣、恍惚	不注意	过度疲劳、单调作业、饮酒	大
快波	α波	8～13	阶段Ⅱ	正常放松意识状态、没有预测力和创造力	心事	休息、习惯性作业	较大
	β波	14～25	阶段Ⅲ	大脑清醒，富有主动性	集中	积极活动状态	最小
	γ波	＞25	阶段Ⅳ（含β波）	过度紧张，一旦有紧张情况大脑马上进入停止状态	集中一点	过度兴奋	最大

第二节　疲劳和恢复

当人体内的分解代谢和合成代谢平衡不能维持，作业能力出现明显下降时叫疲劳。

疲劳是一种生理反应，心理因素、环境因素等对疲劳的出现起一定的作用。对工作厌倦、缺乏认识和兴趣而不安心工作，极易出现疲劳感；相反，对工作具有高度兴趣和责任感，或有所追求，则疲劳感出现在生理疲劳发生很长时间以后。

一、疲劳的分类

疲劳是人所共有的现象，是劳动生理的一种正常表现，它是提醒人们应该休息，起着预防肌体过劳的警告作用。例如，当大脑皮层的一个区域兴奋太久后，就会进入抑制状态，产生一系列复杂的生理变化从而达到保护大脑的作用。

疲劳的分类方法很多。

（一）按疲劳产生的时间长短分

1. 急性疲劳

短时间（小于1个月）或在一次性极限，身体负荷时发生的特征。表面出现身体虚弱，训练能力和肌肉力量明显下降。进行机能测试时，心血管系统的反应不正常。这类疲劳出现在训练水平较差的运动员身上。急性疲劳的临床表现是面色苍白、心动过速等现象。

2. 持续性疲劳

时间持续1～6个月，出现身体虚弱，训练能力和肌肉力量明显下降。进行机能测试时，心血管系统的反应不正常。

3. 慢性疲劳

长期间（连续6个月以上）原因不明的强度疲劳感觉或身体不适。不仅会降低工作效率，还会诱发疾病。

（二）依照疲劳的表现形式分

1. 个别器官疲劳

发生在仅需要个别器官或肢体参与的紧张作业中，例如，计算机操作人员、打字工人、教师等。在这类作业中，只有参与作业的部位发生疲劳。打字人员在长时间工作之后，他的手指屈伸能力会减退，但不影响其他部位的功能。

2. 全身性疲劳

由于全身参与比较繁重的体力劳动造成的。一方面出现疲劳感，全身肌肉关节酸痛、困乏思睡等；另一方面作业能力下降，错误增多，反应迟钝，这种疲劳主要局限于运动器官和感觉器官。

3. 智力疲劳

长时间从事紧张思维活动引起的第二信号系统活动能力的减退，进而又引起大脑高级思维活动能力的减退。主要表现为头昏脑涨、全身乏力、肌肉松弛、嗜睡或失眠等，常与心理因素相联系。

4. 技术性疲劳

一种随着生产发展而产生的脑力、体力和神经紧张所引起的疲劳。例如，汽车司机、打字员、计算机操作员、半自动化操作工的作业，就很容易发生这种疲劳。表现形式因劳动时体力、脑力参与的比重不同而有所差异。例如，汽车司机疲劳时除全身无力外，经常伴之以腰酸腿疼；计算机操作人员主要伴之以头昏脑涨、嗜睡、失眠等症状。

（三）根据疲劳产生原因分

1. 生理性疲劳

人体因生理状态而产生的困倦和机能失调现象。生理的周期性变化是生命体的基本特征之一，受遗传因素与自然环境因素的影响。

受各种因素影响，如果生理循环被扰乱，就会引起人体生理性疲劳，例如，时差使人感到疲劳；冬去春来，气候变暖，人体皮肤和毛细血管逐渐舒张，全身需血量增加，大脑的供血量相对减少，人觉得无精打采，昏昏欲睡；阴雨绵绵，人的心理状态会变坏，脾气烦躁；夏天日长夜短，气温高，当体内热量难以排出时，人会头昏缺氧，肌肉失去力度等都会引起生理性疲劳。

2. 心理性疲劳

单调的作业内容很容易引起心理性疲劳。例如，监视仪表的工人，表面上坐在那里"悠闲自在"，实际上并不轻松，信号率越低越容易疲劳，使警觉性下降。这时体力上并不疲劳，而是大脑皮层的一个部位经常兴奋引起的抑制。

（四）根据疲劳程度分

（1）一般疲劳：产生在机体的任何体力和心理劳累之后。

（2）重度疲劳：连续和过长的工作或劳动中形成。

（3）过度疲劳：过度疲劳是指由于工作时间过长、劳动强度过大、心理压力过重导致精疲力竭的亚健康状态。它最大的隐患是引起身体潜藏的疾病急速恶化，例如，导致高血压等基础疾病恶化引发脑血管病或者心血管病等急性循环器官障碍，甚至出现致命的症状。这种长期慢性疲劳后诱发的猝死也就是"过劳死"。

二、疲劳的特点

（一）联合效应

局部引起的疲劳，可以引起全身症状和大脑疲劳。

（二）易恢复性

疲劳能够恢复，不会留下损伤痕迹；年轻人比老年人恢复得快；体力上的疲劳比精神上的疲劳恢复得快。

（三）延时性

感觉和疲劳不一定同时发生，当人们做起感兴趣的事情时，往往不知疲惫，例如，打篮球，兴趣浓的时候，打一两个小时身心都不觉疲惫，但停下来休息或过夜后，身体肌肉的疼痛比打球时还剧烈。说明疲劳的感觉落后了，俗话说乐不知疲。

（四）累积效应

疲劳有一定的积累效应，未完全恢复的疲劳可在一定程度上继续存在到次日，例如，次日达到六分疲倦程度，就感到十分疲乏。在重度劳累之后，第二天还感到周身无力，就是积累效应的表现。

（五）适应性

人对疲劳有一定的适应能力，例如，连续几天劳动，反而不觉得累。

三、疲劳的产生机理

（一）疲劳物质累积机理

作业者短时间内从事大强度体力劳动，消耗较多能量，能量代谢需要的氧供应不足，产生无氧代谢，乳酸在肌肉和血液中储积，使人感到身体不适，即产生疲劳感。

（二）力源耗竭机理

作业者较长时间从事轻或中等强度劳动时，既有局部肌肉疲劳，又有全身性疲劳。若造成肝糖原（是由葡萄糖聚合而成的物质，当血糖浓度低时，肝糖原分解为葡萄糖；当血糖浓度高时，葡萄糖合成为肝糖原储存）耗竭，使人产生全身不适，即产生全身性疲劳。若肌糖原贮备耗竭会使局部肌肉疲劳，此时不再是乳酸积蓄所致，故称为“力源耗竭机理”。

（三）中枢变化机理

原苏联学者认为，全身或中枢性疲劳是强烈或单调的劳动刺激引起大脑皮层细胞贮存的能源迅速消耗，这种消耗引起恢复过程的加强，当消耗占优势时，会出现保护性抑制，以避免神经细胞进一步损耗并加速其恢复过程，这一机理称为中枢变化机理。

（四）生化变化机理

美、英学者认为全身性疲劳是由于作业及其环境所引起的体内平衡紊乱，引起紊乱的原因除包含局部肌肉疲劳外，还有其他许多原因，例如，血糖水平下降、肝糖原耗竭、体液丧失、体温升高等，此机理称为生化变化机理。

（五）局部血流阻断机理

静态作业会引起肌肉收缩，肌肉变得坚硬，其内压增大，可达几十千帕，引起部分或全部血流阻断。此时能量代谢在缺氧或无氧状态下进行，乳酸堆积速率与收缩力呈线性关系，当张力在最大收缩力的30％水平时，血流开始减少；当张力达到最大收缩力的30％～60％水平时,血液中乳酸堆积得最多;当张力达到最大收缩力的70%水平时,血液流动完全停止引起局部血流阻断,产生局部疲劳。

四、疲劳自觉症状

疲劳的自觉症状如表7-2所示。

表7-2 疲劳的自觉症状

身体症状	精神症状	感觉症状
(1) 头晕	头脑不清	眼睛疲劳、恍惚
(2) 头痛	思想不集中,不愿思考	眼睛发滞、发干
(3) 全身不适	不爱说话	动作笨拙、失误
(4) 身体局部不适或痛	焦躁	脚下不稳、摇晃
(5) 肩膀酸痛	困倦	味觉不灵
(6) 呼吸困难	精神涣散	眩晕
(7) 腿软	对事冷漠	眼皮及其他部位发抖
(8) 口黏、口干	易忘事	听觉迟钝、耳鸣
(9) 打呵欠	常出错	手脚打颤
(10) 出冷汗	对事放心不下	动作不准

五、疲劳的测定方法

(一) 心率(脉搏数)测定法

心率恢复和疲劳强度密切相关。作业停止后,心率可在几秒至十几秒内迅速减少,然后缓慢地降到原来水平。心率恢复滞后于氧耗的恢复,疲劳越重,氧债越多,心率恢复得越慢。恢复时间的长短可作为疲劳程度的标志和人体素质鉴定的依据。

(二) 呼气分析法

随着活动时间延长和强度的增大,肌体对氧的需求也增加。因此,可通过对呼出气体中氧和二氧化碳含量的分析确定能量代谢率,进而推算疲劳程度。

(三) 触两点辨别阈法

当皮肤表面上的两个点同时受到刺激时,如果两点间距离在50 mm以上,任何人都能清楚地感受到两点的刺激;但是,当两点距离缩短到一定值以后(正常情况下小臂约为20 mm),只感觉是一个刺激点。其值称为两点阈值,作业疲劳越甚,感觉越迟钝,此值上升越多。

(四) 膝腱反射阈测定法

随活动者疲劳产生程度的增强,肌体的反射机能下降,通过捶击膝腱来测定因疲劳造成的反射机能的钝化程度。疲劳时膝腱反射阈增大,轻度疲劳可引起阈值增加50~100,重疲劳阈值增加150~300。

(五) 反应时间测定法

反应时间是指人受到外界刺激到作出反应的时间。

人体疲劳后，人的感觉器官对光、声、电等的反应速度降低，显示出反应时间延长。可以用机械式或电子式反应时间测定仪测定人作业前后的反应时间的长短，作为疲劳判定的依据。

（六）频闪融合阈值测定法

受试者观看一个频率可调的闪烁光源，记录工作前、后受试者可分辨出闪烁的频率数。具体做法是先从低频闪烁做起，这时视觉可见仪器内光点不断闪光。当增大频率，视觉刚刚出现闪光消失时的频率值叫闪光融合阈；光点从融合阈值以上降低闪光频率，当视觉刚刚开始感到光点闪烁的频率值叫闪光阈。闪光阈和融合阈的平均值叫临界闪光融合值(cff)。人越疲劳，闪光融合值越低，说明视觉神经出现钝化。这一方法对在视觉显示终端(VDT)前面的工作人员的疲劳测定最为适用。一般测定日间或周间变化率，也可分时间段测定。

（七）色名读唱时间法

用纸片或木块做成三角形、圆形、方形和六角形4种图形各4个，每种图形涂成4种颜色(红、蓝、黄、黑)，在这16个图形中，每次取出不同颜色、不同形状的4个图形排成一列，令受试者按顺序口述图形形状和颜色，例如，蓝三角、红方、黄圆、黑六角。下次再做相似的变换，令受试者叙述。重复多次后，疲劳者将出现误述。疲劳越甚，误述出现越早、越多。此法可以较好地测定精神上的疲劳。

（八）皮肤电流测定法

人体疲劳后，皮肤电传导性提高，电流增大，通过测定作业前后皮肤电流的变化情况，可以判断疲劳程度。

六、影响疲劳的因素

（一）劳动速度、强度和时间

疲劳程度的轻重与劳动速度、强度和时间有关。体力劳动以不快不慢的速度进行，维持时间最长久，不易疲劳。重体力劳动因节律太快，消耗体力太多，无法维持高速度的工作，为了减轻疲劳，只能以较低速度工作。

（二）作业环境条件

生理性疲劳除了与劳动方式、速度、强度和时间有关外，还与作业环境中的照明、微小气候、温湿度等工作环境因素有关。环境因素直接影响疲劳的产生、加重和减轻。例如，在昏暗灯光下看书，视觉易疲劳，在高分贝噪声中，身心易疲劳，而优美的音乐可以舒张血管、松弛紧张的情绪而减轻疲劳；在温度高、湿度大的环境中，肌体易疲劳；家务事多，精神易疲劳。

（三）精神面貌和工作动机

精神面貌和工作动机等心理因素对疲劳感的出现也起作用。对工作厌倦、缺乏认识和兴趣而不安心工作，极易出现疲劳感。有时工人可能觉得已经疲劳，但其工作表现并没有改变；有时工人的工作表现已经弱化，但本人却还是干劲十足，不觉疲劳。这和工人的劳动态度、精神境界有密切关系。

（四）作业的单调性

周而复始地做着单一的、毫无创造性的、重复的工作，使人易于厌烦，引起心理性疲劳。而所做工作的效率也对疲劳的出现有影响。例如，工人在8 h内，随着工作时间的推移，工作效率逐渐下降；但往往在接近下班时反而有所上升。这是由于作业者预感到快要从单调工作中解放因而兴奋所致，这就是所谓的“最后进发”。

（五）性格和智力

性格差异和智力水平的高低使人们在工作中产生厌倦和疲劳的程度不同。例如，智商水平越高的人，对单调重复的事容易感到不满足而产生厌倦感；智商水平低的人则不易有那样的情绪。生性好动的人，工作中易感疲劳；性格沉静安分的人，工作中不易感疲劳。

（六）年龄、健康状况

疲劳与年龄、健康状况有关，例如，青年作业人员作业中产生的疲劳较老年人小得多，而且易于恢复。这是因为青年人的心血管和呼吸系统比老年人旺盛许多，供血、供氧能力强。某些强度大的作业是不适于老年人的。

（七）生理周期

在生理周期中（例如，生物节律低潮期、月经期）发生疲劳的自我感受较重，相反在高潮期较轻。人的日常生活节律基本上以 24 h 为周期，故称之为日周节律。每星期内也有周期节律。每个人自出生之日起就存在着以 23、28、33 d 为周期的体力、情绪和智力的盛衰循环性变化规律。

（八）劳动制度和生产组织方式

不合理的劳动制度和生产组织方式不利于人体保持最佳工作能力，容易产生疲劳。不合理的劳动制度（例如，长时间加班），身心得不到正常休息；不合理的轮班，尤其是夜班工人白天不能较好的休息，工作中不能保持旺盛的精力，工人始终处于和外界节律不相协调的状态，容易过早疲劳，从而影响到安全生产。

（九）营养、睡眠

营养和睡眠是影响操作者疲劳状况的另一类因素，生活条件差，营养不良，长期睡眠不足的个体，其工作能力受到明显的影响，容易产生疲劳。

七、疲劳的改善和消除

劳动生产率、工伤事故都与疲劳密切相关，因此改善和消除疲劳对提高工作效率、保证安全具有重要的作用。

（一）工间休息

工间休息是减轻体力疲劳的有效方法，例如，让操作风动工具等强振动环境中的工人，进行工间休息，可减少事故发生率。且振动的频率越高，休息次数和时间应相应地增加和延长。

研究发现，工间休息应该在劳动者感到疲劳前开始；劳动者越感劳累，工间休息时间就应相应长一些。意大利人马慈拉研究发现，多次短期积极休息，比一次长的休息好处更多。对化铁炉操作工人进行的研究结果表明，实行“一小时休息制”以后，平均心律恢复曲线在下午曲线的水平就显著降低。实现这种“半小时定期休息制”，能够得到满意的心血管反应。

（二）合理膳食

合理的膳食可以减少疲劳。过重的体力活动要消耗大量的蛋白质和糖，饮食中应该注意加以补充上述物质和水分、盐分。

（三）科学作息

坚持正常的作息时间，符合生物节律要求，也能减轻疲劳。延长工作时间以提高产量的做法是不足取的。除特定情况外,延长工作时间往往得到的是废品率增高和安全性下降而且增加成本、降低工效。因为作业人员从生理和心理上是不可能连续工作的,过一定时间,效率就将下降,差错就会增多,这时仍不及时休息,还会引起产品质量下降,甚至出现事故。应尽量减少轮班工作制度。

(四) 改进作业空间、作业环境条件

按照人机工程学的原理改进作业空间、作业环境条件是减轻疲劳的有效方法之一。例如,合理照明、减轻噪声、模拟自然环境、向车间输送新鲜空气、利用空气负离子,都能消除人的生理性疲劳。

(五) 脑体结合

消除脑力疲劳最积极的方法是体育锻炼,尤其是放松式运动项目,例如,太极拳、散步等都能促进大脑营养状况改善,有助于大脑的镇静与放松;欣赏音乐和文艺活动,体力疲劳会消除得更快。

(六) 按照人机工程学的原理设计机器,提高机械化和自动化程度

按照人机工程学的原理设计机器,提高作业的机械化和自动化程度是减轻疲劳、提高作业安全可靠性的根本措施。

此外,出现病态疲劳,首先要查明原因对症治疗。而心理性疲劳,则应注意心理调节和治疗。

复习思考题

(一) 知识性习题

(1) 名词解释:脑电图、肌电图。

(2) 简述疲劳的产生机理。

(3) 简述疲劳的测量方法。

(4) 简述疲劳的影响因素。

(5) 简述改善和消除疲劳的方法。

(二) 研究性习题

(1) 自行设计疲劳自觉症状调查表,调查教师、学生、煤矿工人、建筑一线工人等,研究劳动强度与疲劳的关系。

(2) 大学生利用寒暑假到工厂(汽车总装车间)、建筑工地等体验,记录工作 4 h、6 h、8 h、10 h 及 12 h 后身体的感觉,有什么方法可以改善身体不适?若长期处于疲劳状态对身体的危害。

第八章　安全人机工程学的应用

☞ 教学目标

1. 了解控制室的平面布置；
2. 掌握控制室的设计要求；
3. 了解显示终端对健康的影响，掌握显示终端的防护方法；
4. 了解视频显示终端的设计原则；
5. 知道从哪些方面设计工业厂房；
6. 学会如何将人机工程学应用于车间设计；
7. 了解数控车床的概念、分类及应用；
8. 掌握人机工程学对数控机床软件界面设计的要求；
9. 人机工程学在数控机床硬件人机界面设计中的应用；
10. 了解家用汽车的基本结构；
11. 了解汽车作业空间的人机工程学要求；
12. 掌握汽车显示装置、控制装置及汽车座椅的人机工程学要求。

☞ 教学的重点、难点

1. 教学重点：控制室的设计要求，显示终端的防护方法，车间设计的人机工程，车床硬件人机界面设计的人机工程学要求，人机工程学在汽车显示仪表、方向盘以及汽车座椅中的应用；

2. 教学难点：显示终端的设计，车间设计的人机工程学原理和设计方法，数控机床控制面板的人机工程学要求，人机工程学在汽车座椅中的应用。

第一节　人机工程学在控制室设计中的应用

控制室，是指对车间机械设备工作状态显示和控制的场所。控制台和显示屏是其重要构成部分。为使操作人员安全有效地工作和发挥系统的最大潜能，控制室的空间布局、显示与控制的人机界面和控制室环境等的设计应符合工效学的要求。控制室分为中央控制室、辅助控制室、现场控制室。

一、控制室在车间中的作用

目前，大多数车间都设置控制室，例如，消防控制室、车间恒温空调系统控制室、水处理系统控制室、煤处理系统控制室、灰渣处理系统控制室。

消防控制室是火灾扑救时的信息、指挥中心,也是建筑物内防火、灭火设施的显示控制中心;车间恒温空调系统控制室用于对车间范围内空气的温度、相对湿度、气流速度和洁净度进行监控;水处理系统控制室主要集中布置在化水车间,包含对化学水处理、净水处理、废水处理等系统监控;煤处理系统控制室,用于对输煤转运站、煤场等地方的监控;灰渣处理系统控制室,用于对除灰系统、除渣系统等地区的监控。

二、控制室的总体布局和平面组成

(一) 总体布局要求

控制室位置应位于易燃、易爆、有毒、腐蚀环境之外的安全区域内,选择在接近现场和方便操作的位置。原则要求位置适中,既要接近生产设备和装置,又要与噪声源、振动源、尘、毒污染源等相隔一定的距离,这样,控制室才能获得安全卫生而又高工效的效果。

(二) 控制室的平面组成

如图 8-1 所示,控制室的平面组成包括以下部分。

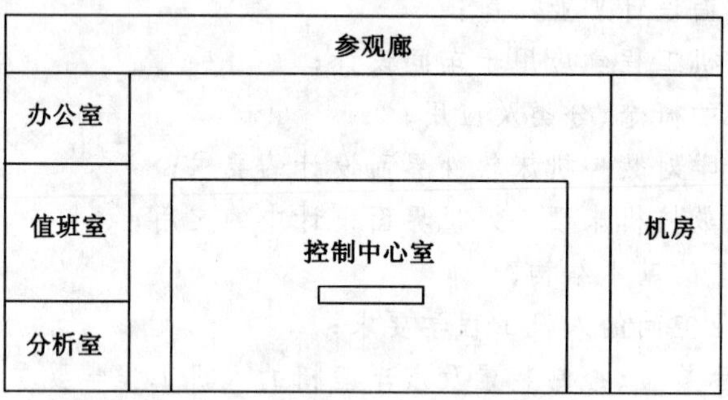

图 8-1　控制室的平面组成图

(1) 控制中心室——布置控制台、仪表盘、显示屏等主控设备。
(2) 辅助用房——包括办公室、值班室等。
(3) 计算机室——用于信息、数据的处理。
(4) 更衣室——用于工作人员工作服装的更衣。
(5) 休息室——用于工作人员临时休息。
(6) 参观廊——为了防止参观人员干扰控制室工作,可以设置专门的参观廊,用于外来人员参观。

三、控制室的人机设计要求

(一) 作业空间的人机设计要求

根据《控制室设计规定》(HG T 20508—2000),控制室的设计必须做到内部结构功能分区明确,内外联系方便,并尽量减少操作时的走动。

1. 作业活动要求的尺寸

如图 8-2 所示,视点 1,为工作人员在仪表盘上操作仪表的部位,人的作业部位主要在盘中上部,人与仪表板的距离一般为 500～700 mm。

视点 2,为工作人员巡检信息的部位,在这里操作者要观察所有仪表盘及模拟盘,人的水平视距以 2 000 mm 左右为宜。

视点 3，为工作人员坐在控制台前进行作业的部位，人的作用主要是把仪表盘出现的信息与控制台的作业贯通起来，以达到控制的目的，人与仪表盘的距离为 3 000～5 000 mm。

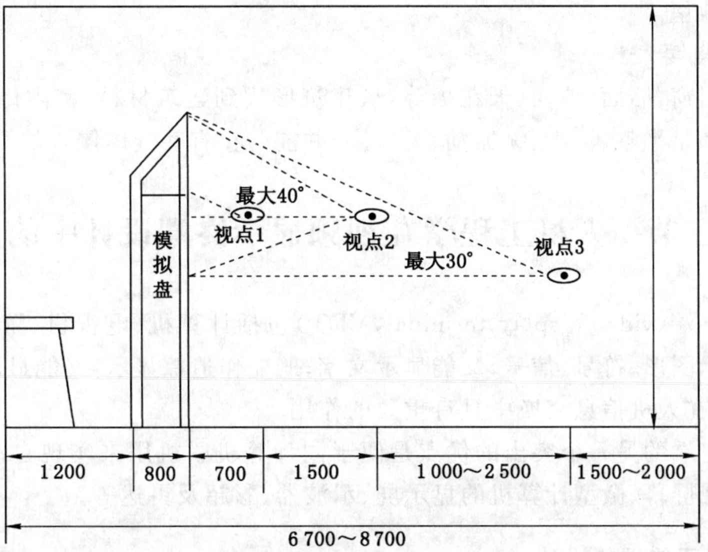

图 8-2　工作人员位置与视点的关系图

2. 设备及其他活动空间要求的尺寸

仪表盘的厚度一般为 600～900 mm；仪表板后面供检修和行人之用的走廊，一般不小于 1 200 mm；控制台后面的活动宽度为 1 500～2 000 mm；控制室的高度主要以视角要求（例如，视点 2 的较佳垂直视角为 40°）和照明设备及空调设备安装因素决定，一般室内净高 3 200～3 500 mm，为进深尺寸的 2/5～1/2。

（二）作业环境的人机设计要求

1. 采光和照明要求

控制室应尽量采用自然采光，控制室的窗口面积与其他面积之比维持在 1∶2.5 左右，同时为避免阳光直射入室，要求控制室的建筑南北朝向为好。

人工照明，特别是中心室部分，要求光源稳定、光色好，故采用荧光灯，以方向照明的形式，这样既容易又能经济地获得质量高的照明效果，对控制室及计算机室部分的照度可适当降低，并要特别注意光源的安装位置，力争或尽量避免或减少眩光。

2. 温度、湿度要求

控制中心室和计算机房，需要恒温恒湿环境，特别是计算机对温湿度的要求更为严格，一般要求室温在 15～25 ℃，比较理想的是 20 ℃左右，室内湿度要求控制在 50%～70%，比较理想的是 50%左右，对洁净度的要求更严格，一般要求达到超净室的粉尘浓度标准。

3. 空气净化要求

控制室设计需考虑空气净化问题，一般要求尘埃＜200 $\mu g/m^3$；$H_2S < 10\times10^{-9}$；$SO_2 < 50\times10^{-9}$；$Cl_2 < 1\times10^{-9}$。

4. 振动要求

控制室设计需考虑振动问题，一般要求机械振动频率在 14 Hz 以下时，振幅在 0.5 mm

以下，操作状态振动频率在 14 Hz 以上时，加速度在 0.2g 以下。

5. 防静电要求

控制室设计需考虑防静电措施，室内相对湿度应符合上述要求，控制室地面宜用防静电地板或防静电地毯。

6. 建筑材料要求

控制室的门窗、墙面、地面、天花板等，从建筑形式到建筑材料、室内修饰等方面均有严格的要求。以满足平整、洁净、无振动、无噪声，并能防止有害气体侵入的要求。

第二节　人机工程学在视频显示终端设计中的应用

视频显示终端（video display terminal，VDT）包括计算机、电视机、游戏机等的显示装置。它既能显示图形、符号、信号，又能显示文字；既能作追踪显示，又能显示动态画面，因而得到迅速发展，在人机信息交换中具有重要的作用。

视频显示终端的另一个突出的优点是便于同计算机联机用来实现自动控制。目前，多应用在图文电视屏幕、微型计算机的显示屏、示波器、彩超及雷达等。

一、视频显示终端的设计

视频显示终端综合了模拟显示器和数字显示器的特点，从人机工程学的观点考虑，使用阴极射线管、气体放电管和发光二极管等屏幕式电子显示装置较为理想，它既能显示机器工作过程中的某一特定参数和状态，又能显示其模拟量值和趋势，还能通过图形和符号显示机器工作状态及各有关参数，是一种功能综合性的信息显示装置，具有重要的用途和广泛的发展前景。

视频显示终端的设计需电子技术和视觉生理、心理等很多方面的知识，涉及的内容很多，本节仅从人机工程学的角度介绍一些设计视频显示终端的原则。

1. 目标的亮度、呈现时间和余辉

目标亮度愈高，愈易觉察，但是当目标亮度超过 34 cd/m^2 时，视敏度不再继续有较大的改善，所以目标亮度不应超过 34 cd/m^2。为了在屏面上突出目标，屏面的亮度不宜调节到最亮，而以调节成合适的亮度时，工作效率最优。

当目标呈现时间在 0.01～10 s 范围内时，目标的视见度随呈现时间的增大而提高。不过，当呈现时间大于 1 s 的情况下，视见度提高的速度减慢；当呈现时间大于 10 s 时，视见度只有很小的提高。一般来说，目标呈现时间为 0.5 s，已可满足视觉辨别的基本要求；呈现时间在 2～3 s，可认为是最有利的数值。呈现时间再延长，则占用时间越多，对提高视见度并无多大意义。

余辉与目标呈现时间有一定关系，但并非同一回事。余辉是目标呈现结束后残留在屏面上的亮点，其特点是最初亮度下降快，而后下降愈来愈慢。而最有利于看清目标的余辉方式是“最初亮度下降慢，以后下降愈来愈快”。当屏面亮度较高时，余辉的视见时间约为 3 s；屏面亮度较低时，余辉能见时间约为 1 s。缩短扫描周期，可产生余辉的积累效应，改善目标的能见度。周围的灯光照度对余辉的视觉效应影响很大，周围照度太高或太低都对它有不利的影响，而以周围照度为 1 lx 时最优。

2. 目标的运动速度

目标的运动状态对视觉辨别有很大影响。一般说来，运动着的目标比静止目标易于察觉，但难看清。因此，就视觉辨别效率来说，目标运动速度愈大愈不利。视敏度与目标运动状态的关系如表 8-1 所示，从表中可看出，视力大体上与目标运动速度呈反比，人对静止目标的视力平均比运动目标高一倍左右。当目标运动速度超过 80 m/s 时，已很难看清目标，视觉工作效率剧烈下降。因此，设计时应限制目标的运动速度。

表 8-1　视敏度与目标运动状态的关系

目标运动速度/[(°)/s]	静止	30	60	90	120	150	180
视敏度/(′)$^{-1}$	2.04	1.95	1.84	1.78	0.90	6.90	0.94

3. 目标的形状、大小和颜色

屏面上不同形状目标的辨认效率是不同的，其一般的优劣次序为：三角形、圆形、梯形、方形、长方形、椭圆形、十字形。当干扰光点强度较大时，方形目标优于圆形目标。

目标采用红色(620～780 nm)或绿色(490～560 nm)时，视觉辨别效率与白色目标相似，但红色目标易引起视觉疲劳，故微型计算机的视频显示终端上绝大多数都用绿色作目标。采用蓝色(420～450 nm)，则视觉辨别效率稍差。

从视敏度的角度看，目标愈大愈易察觉。一般来说，目标标的能见度随着目标面积的增大而增大，大体上呈线性关系。可是目标太大，占用空间太多，因而应有一个适宜的大小。视频显示终端上字符的大小与视距的关系如表 8-2 所示。字符的高宽比可取 2∶1 或 1∶1，其笔画宽与字高之比可取为 1∶8 或 1∶10。一般常用字符的大小(字符的直径或方形字符的对角线长)规格为 0.76 mm、1.5 mm、3.8 mm、4.6 mm、5.1 mm、7.6 mm、10 mm、12.2 mm、20 mm、25.4 mm 等。

表 8-2　视频显示终端字符的大小与视距的关系

视距/m	0.5	1.0	3.0
字符直径/mm	3	6	10

4. 目标与背景的关系

目标的视见度首先受制于目标与背景的亮度对比值，即：

$$\text{亮度对比度} = \frac{\text{目标亮度} - \text{背景亮度}}{\text{背景亮度}} \tag{8-1}$$

目标的亮度必须达到亮度对比度高于能见的阈值，目标才能被看见。在背景亮度为 0.34～34 cd/m^2 的情况下，亮度对比阈一般随着背景亮度的增大而缩小，大体上呈线性关系，在背景亮度为 68 cd/m^2 时，达最大值的 90%，以后背景亮度再增大，亮度对比阈只有很小的改善。所以，就亮度对比感受性而言，68 cd/m^2 可以视作背景(屏面)亮度的最优数值。

5. 目标与干扰的关系

目标的察觉效率受干扰光点的影响很大，尤其是当干扰光点与目标光点在形状、大小和亮度都很接近的情况下，干扰作用更大。为使目标能在有噪声的背景中 100%地被识别，应当使目标的亮度高于50%识别阈的亮度5 dB以上。为了对抗干扰光点，应当使目标具有与干扰光点不同的特殊形状，这一点在视频显示终端的实践上很有用处。

屏面以外的照明，称为环境照明。人们往往认为环境照明最好是黑暗，以提高屏面的清晰度，其实并不如此。实践证明，屏面亮度与环境亮度相一致时，目标察觉、识别和追踪效率都达到最优。当环境亮度超过屏面亮度较大时，视觉工作效率受到明显的不利影响。如果环境照度与目标亮度相同，颜色也相同时，视觉工作效率也会受到不利的影响。

二、视频显示终端对健康的影响

VDT广泛应用于各种工作场合及社会生活领域，同时带来了新的职业卫生问题，使操作者长期处于身心紧张状态下工作。有人将VDT操作过度引起的生理、心理紧张反应的临床表现叫做电脑操作综合征。VDT作业会对皮肤、视觉系统、肌肉、骨骼系统、精神心理、免疫系统以及生育功能都会产生不同程度的影响。

三、影响视频显示终端操作者健康的因素

（一）VDT产生的辐射

VDT产生的电磁辐射主要有：

(1) 电离辐射：包括X，α，β，γ射线等。电离辐射主要来自VDT的阴极射线管(CRT)。

(2) 光辐射：包括紫外线、可见光、红外线等。是由荧屏的磷光体与电子作用而产生的。

(3) 非电离辐射：包括微波、高频、亚高频、中频、低频、极低频电磁场、静电场等。非电离辐射主要来自于VDT水平偏转系统、电磁线圈、电磁变压器及其他的电子电路、荧屏上存在的静电产生静电场。

（二）工作环境

工作环境问题包括照明、温度、湿度、噪声、换气等许多因素，照明是其中最重要的一个因素。照明与视觉活动有密切关系，通常照明强度与视力呈正比，但过强的光线也容易造成视疲劳。照明的方式与光线的分布有关系，最好使用直接照明与间接照明相结合的综合照明，照明光线要稳定，有色光源照明容易发生眼疲劳。

（三）工作姿势

工作位置与工作姿势不当，作业时姿势不当，或长时间被动体位伴有头、眼、手、手指的细小频繁运动时作业人员易于发生疲劳。作业人员的眼不停地在键盘、资料和屏幕之间移动，频繁的变换眼与注视物的距离等都易发生视疲劳。

四、影响视频显示终端作业者视疲劳的因素

(1) VDT画面产生的疲劳刺激，屏幕上的反射光是使操作者分心和造成视觉不适的重要原因。不显目的文字、亮度对比度不适当以及外界光反射产生的眩光均可引起眼调节功能障碍。

(2) 工作环境问题包括照明、温度、湿度、噪声、换气等许多因素，照明是其中最重要的一个因素。

(3) 字体大小、背景对比和稳定性。

(4) 工作位置与工作姿势不当。

五、预防视频显示终端作业者视疲劳的方法

(1) 就业前检查，斜视、无双眼单视（正常的双眼视觉叫双眼单视）、青光眼、高眼压者应避免 VDT 作业。就业后也应定期进行眼科检查，同时注意自身保健，以便早期发现，及时治疗。

(2) 视力矫正和眼镜的作用。出现视疲劳和视觉不适大多是因本人视觉缺陷造成的，如果不予纠正，而用改变姿势凑合，结果往往是视力变得更坏或造成疲劳加重。最普通的视觉矫正方法是佩戴合适的单焦点透镜，而年龄大的人则可以选用多焦点眼镜。

(3) 合理的照明。VDT 照明要求是能同时看清屏幕、键盘和文件上的内容，并能清除屏幕上的反射和闪烁。绝大多数作业者研究指出，VDT 工作区照明水平为 300～500 lx，并应有防止眩光措施，采用日光灯光质较好。照明不要产生阴影和眩光，避免在操作者前上方出现光源或光源照射在视屏上，背景光不要太强，视野中心与环境的亮度对比度不要超过1∶10。

(4) 根据人机工程学设计工作台椅，使操作者保持合理的作业姿势。最佳设计是工作台和键盘与座椅高度均为可调试型，使 VDT 作业者能获得最适眼—荧屏、手臂—键盘的协调。VDT 置于操作者正前方，显示屏稍低于眼水平面，键盘与主机分离并置于荧屏的前下方手易达到处。

(5) 根据人机工程学设计显示屏。例如，不醒目的文字、不适当的对比度及眩光等不可过高或过底，一般在屏面背景亮度为 20 cd/m^2，8∶1～12∶1 的对比度可有最佳视觉功能。如果对比度高于 14∶1 或低于 6∶1 时，操作者的视觉作业会受到明显影响。

(6) 减少 VDT 的辐射，VDT 作业一天宜在 4 h 以内，连续作业 1 h 应休息 10 min。由于多数电视机和 VDT 产生的射频辐射最大强度在机器的背面和侧面，故建议 VDT 操作者一周内工作时间不要超过 20 h，并采取一定的自我保护对策。

(7) 改善操作室内的微小气候并供给新鲜空气。

第三节　人机工程学在工业厂房设计中的应用

工业厂房，指直接用于生产或为生产配套的各种房屋。工业厂房除了用于生产的车间，还包括其附属建筑物，例如，配电房、供水房、排污和设备物资储存等配套房屋，都属于工业厂房的范畴，或工业厂房的一部分。

一、工业厂房设计

1. 结构体系

根据与建筑有关的生产工艺要求和施工条件，选择最优的结构体系。目前，国内的单层和多层厂房常用钢筋混凝土结构材料。因其材料易得，耐火耐蚀，适应面广。钢结构多用于大空间或振动较大的生产车间，此外还需注意防火、防腐蚀。所以最好采用工业化体系建筑，以节省资金投入、缩短工程时间。

2. 生产环境

对于工业厂房的设计，生产环境尤为重要。首先，应有良好的光线。一般厂房多为自然

采光，但是采光均匀度不是很好。例如，纺织厂的织布车间多为自然采光。如果自然采光不能满足生产工艺的要求，则采用人工照明。此外，应有良好的通风。例如，采用自然通风，要了解厂房内部散热、热源状况等和当地气象条件，设计好排风通道。重点关注某些散发大量余热的热加工和有粉尘的车间自然通风问题。再者，应控制厂内噪声。除设置一般降噪措施外，还可采用隔声间。最后，对于某些在湿度、无菌、防辐射、防微振等方面有特殊工艺要求的车间，则要在工业厂房设计时，综合考虑建筑平面、结构以及空气调节等方面，采取相应措施。

3. 总体布置

总体布置涉及各方面，常采用多方案比较或运用计算机辅助设计方法。总平面布置的重中之重是合理地解决全厂之间的分隔和联系，从发展的角度考虑问题。在选定厂址后，总平面布置应以生产工艺流程为主要依据，确定工厂总体平面布局、全厂用地分区和竖向布置，以及公用设施的配置，运输道路和管道网路的分布等。此外，也需要考虑和解决生产过程中的污染问题和环境保护问题。

总之，工业厂房设计必须执行国家的有关方针政策，符合现行的国家标准、规范，做到技术先进、经济合理、安全适用，符合国家节约能源和环境保护的要求。

二、车间设计的人机工程学原理和设计方法

车间是企业生产的直接场所。车间的环境、工作空间、安全通道等状况与企业的安全生产关系十分密切，车间的温度、采光、场地布置、消防等因素直接影响到事故的发生，因此，车间设计需要考虑人因工程。

1. 车间作业环境的人机设计

车间作业环境不仅要满足人员的正常作业功能，还需在连续工作中无疲劳感，对人体健康不会产生不良的影响。车间作业环境的舒适度是人员高效工作的基本保障。通常车间环境设计需要考虑以下几个因素：温度、光线照明、噪声、色彩、空气污染等。

(1) 温度环境

车间作业气温、湿度、气流速度、热辐射以及自身新陈代谢、服装等都会影响车间的温度环境。为了避免由于作业环境的因素导致人员操作效率低、事故发生率高等问题，应该合理设计生产工艺。气温过高，人员的耐受时间有限，应尽量将热源布置在外部，在有大量热辐射的车间，应该屏蔽热源。气温过低需要做好保暖，提高工作负荷。

(2) 光环境

作业场所的照明与人的视觉特性匹配，使眼睛舒服、视觉效果优良，从而可减轻人员视疲劳、提高工效，改善人的情绪。照明通常分为天然采光和人工照明。光照的要求主要考虑以下几点：照度的合理值、照明的均匀度、照明的稳定性、光色效果、亮度分布等。当照明不良时，因反复努力辨认，易视疲劳，适当的照明可提高工作速度和精确度，减少差错。一般明亮的房间是令人愉快的。但眩光使人感到不愉快，眩光易致视疲劳，也极易造成事故。

(3) 其他

在车间，噪声是不可避免的。当噪声达到 70 dB 时，会对工作产生各方面的影响，所以对于需要高度集中精力的工作场所均以 50 dB 的稳定噪声级作为其上限。噪声对人的听觉

有很大的影响，会产生暂时性听力下降、持久性听力损失、爆震性耳聋。噪声强度、接触时间、噪声的频谱等因素也在一定程度上影响工作机体。对噪声的控制，除了采取控制声源和其传播，还应加强个人防护。

车间作业环境还有可能是电离辐射作业环境、非电离辐射作业环境。前者是一切能致物质电离的辐射总称，其种类很多，高速带电粒子有 α 粒子、β 粒子、质子，不带电粒子有中子及 X 射线、γ 射线。对于这些环境，需要车间人员严格按照标准规定使用防护用品，做好就业前和定期的身体检查。

2. 车间作业空间的人机设计

车间作业空间为人员从事作业的作业空间，它包括人员、机器设备以及加工所用的空间。在生产中，人-机-环境是相互联系的。车间作业空间宜布置合理、舒适、安全，方可有效地提高人员工作效率。

(1) 作业场地布置

在设计作业场地布置时，要考虑安全距离，预防人员在操作时碰到有可能对人身体造成危险的东西，同时也要保持最小距离，保证不影响操作者工作。安全性设计是作业场地布置的关键。

① 安全装置

安全装置是作业场地布置时必须安置的防护损伤的设施。它的设计需符合以下几条原则：首先是相关原则，即操作生产过程的操作机构和所有防护设施必须协调一致；其次是防护用具联锁原则，即安全装置的设置要确保人机互相监督；还有其他原则，即安装安全装置后，不影响工序、生产速度和产品质量等。

② 安全距离

安全距离为到达进行操作、维修、观察产品的地方及其通道的距离。可用公式表示：$S_d=(1\pm K)L$。其中，S_d为安全距离（宽度），mm；K 为附加量系数；L 为人体尺寸，mm。我国人体尺寸存在地域差异，L 的确定需要推算。以上海为例，男子平均身高 M 为 1 650 mm，标准偏差 S_0为 57.1 mm。由于安全距离与人员的安全和健康息息相关，在选择人体尺寸时，通常采取第 99 百分位数男女两者中较大数值为设计依据。从表查得变换系数 n 是 2.326。因此，身高 $P_{下限}=M-(S_0n)=1\ 517$ mm，$P_{上限}=M+(S_0n)=1\ 783$ mm。即身高范围为 1 517～1 783 mm 的男性 99％以上满足要求。再考虑衣着影响，假如鞋子平均高度 25 mm，那么身高在 1 542～1 808 mm。又因为机械伤害的主要对象是上肢，根据身高和上肢的比例知，男性站立状态时身高与上肢的比为 1∶0.442，那么上肢活动尺寸的范围是 682～799 mm，这就是确定后的 L 值。根据上述 K、L，可推算上海男性在机械伤害防护时，上肢与危险区域的安全距离为 716～839 mm。

(2) 作业姿势

人员在操作时的作业姿势也会影响车间的作业空间设计。不同的作业姿势，所操作的工作台面高度是不一样的。常见的姿势有坐姿、立姿、坐立互替。通常选择原则如下：

① 工作场地的大小、照明条件与视觉。

② 体力负荷的大小及用力方向。

③ 工作场所各种物质（包括必需的工具、加工材料）的安放位置。

④ 控制台或工作台的台面高度，有无合适的容膝空间。

⑤ 作业时起坐的频率。

最合理的作业姿势是坐姿作业。坐姿可免除站立时人体的足踝、膝部、臀部和脊椎受到静肌力，减少人体能耗，消除疲劳，且比站立更有利于血液循环，有利于保持身体的稳定；脚操作场合，坐姿能保持身体处于稳定的姿势。因此，能选择坐着工作的，就应争取坐着工作。

3. 车间安全通道的人机设计

车间的安全通道包括出入口、通行道、楼梯、扶梯和斜坡道等。它是为了保证人员通行和货物安全运送而设置的通道。一般要求醒目的通道标记，转弯处不能形成直角。通道路面应该平整、无台阶。此外，若有施工通道应安放警示牌或护栏，夜间要有红灯警示。

(1) 出入口

出入口是室内外空间的联系枢纽，是各车间之间联系的节点。合理布置出入口直接影响整个厂区物流运输量和人员通行。出入口的位置不应使进出人员意外地启动控制器或堵塞通往控制器的通道。出入口的宽度和高度应视具体情况（例如，是否进出车辆及车辆和负荷的大小等）确定。仅供人员进出的出入口，最小高度不得低于 2 100 mm，最小宽度不得窄于 810～860 mm。出入口一般应避免采用门槛，除非为防风雨或通风而非用不可。

封闭的车间必须提供辅助入口，以及各种需要的应急出口。应急出口应有人员迅速撤出的足够空间，包括必须携带必要装备或必须穿臃肿防护服的人员。应急出口的尺寸如表 8-3 所示。应急出口应保证人员用手或脚一触即开。如果需要人员用把手或按钮打开，则操纵力应小于 220 N。

表 8-3　　应急出口的尺寸　　mm

应急出口	最小尺寸	最佳尺寸
矩形门窗开口	405×610	510×710
方形门窗开口	460	560
圆形门窗开口	560	710

(2) 通道与走廊

车间里往往存在着一条或多条主通道，附属若干支通道与工作区域相连。无论是主通道还是支通道（或者走廊），设计时都应考虑工作区域内可能的人流、物流的高峰负荷量、流动方向及该区域的出入口数量和尺寸等。对于单人通行的人行道和走廊而言，为了使人员通过不受限制，除了考虑人体测量数据，也应为穿防护服和携带装备的人员留出足够的空间。例如，按人体测量尺寸，一个人可以通过 510 mm 宽的走廊。然而考虑了着装等因素，单人或单向通行的走廊宽度至少应为 760 mm。车间里的人员流动往往是双向的，或既有行人通过又运载货物，甚至还通车，有的通道两侧紧挨着工作岗位等。因此，就双向通道或走廊而言，通道的实际宽度要视货物的尺寸、运输工具的大小和安全需要来具体确定，一般应比人行道和走廊留出更大空隙。图 8-3 给出了通道样式示意图，考虑上述因素，不同样式的通道尺寸建议如表 8-4 所示。

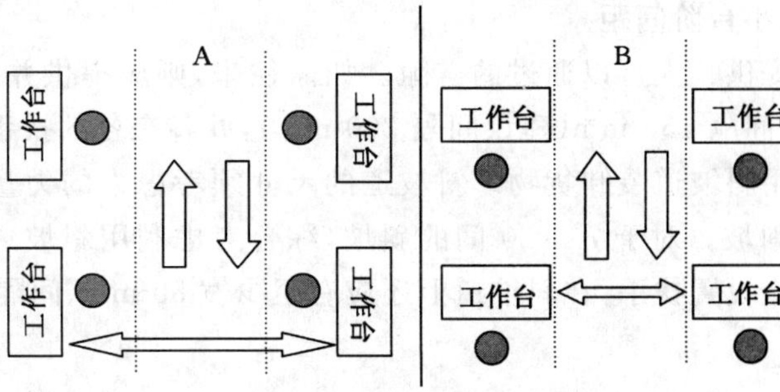

图 8-3　通道样式示意图

表 8-4　　**通道尺寸**　　mm

	A 样式	B 样式
人行通道	2 000	1 500
货物通道	2 200	1 500
手推车通道	2 500	1 500
运输汽车通道	3 000	1 800

(3) 楼梯、扶梯和斜坡道

为了进入或通过离地面有一定高度的工作区域，应该设置楼梯、扶梯和斜坡道。其中，结构的倾角为设置此类通道的主要依据，而这个倾角又依赖于可利用的空间和结构。表8-5给出了这些结构的最佳和可接受的倾角。

表 8-5　　**不同结构的最佳和可接受的倾角**

项目	最佳倾角/(°)	可接受的倾角/(°)
竖梯	75～85	75～90
扶梯	50～75	50～60
楼梯	20～50	30～35
斜坡道	0～20	7～15

楼梯、扶梯和斜坡道设计不仅要结实，并加上适当的安全系数，还要防滑、防裂、防化学腐蚀等，没有可能损伤人员的边棱、毛刺等。为了保证人员安全、方便地通行，在尺寸上，应以第 5 至第 95 百分位的人体参量作为设计依据，并加上着装装备等功能修正量等。

通道一般不采用竖梯。避免使用携带式直爬梯，要采用稳固的、有护栏、安全带或其他保护措施的固定梯。当几层作业平面由梯子相连时，各层梯子应相错开，防止直接摔落到地面上。为了安全，各层均应设置保护性平台及护栏。在使用梯子可能引起危险的场合，应做适当的标记(例如，小心碰头等提示)。为了避免楼梯梯段长度过长，每层楼在 2.44～3.66 m高度范围至少应有一个平台，或每 10～20 个台阶设置一个平台。楼梯台阶间距应当均等。当人们需要携带大于 9 kg 的物品登楼梯时，或需登的楼梯不止两层高时，应该使用最大台阶宽度和最小台阶间距。

使用扶梯时,应提供一人可以通过的空隙。如需往来,则应提供并排独立的上下扶梯,两扶梯相邻侧至少应间隔 150 mm(建议间隔 200 mm),并各有各的扶手。

在车间,通常采用斜坡道装卸货物。斜坡道的尺寸须考虑人的力量和安全性。斜坡道一般用于 20°以下的斜坡。对于 7°～20°间的斜坡,综合考虑利用斜坡道和楼梯。如果斜坡道用作人行道,除了应设置扶手,在斜坡道上还应有至少宽 50 mm、间隔 150 mm 的防滑条。

(4) 平台和护栏

① 平台

作业人员在生产中需要升至设备的最佳操作距离进行作业,这就需要采用平台围绕工作区域或在工作区域相关部分之间提供连续的工作面。平台设计不仅应大于实际使用负荷,还应与其相邻的设备表面协调一致,使平均整合度在 50 mm 之内,应避免产生大于 150 mm的间隙,平台尺寸至少应宽 610 mm,长 910 mm,净空高度应大于 1 800 mm。考虑到人需要有一定的自由活动度,建议台宽最好在 700 mm 以上。为了防止平台上的工具、拆卸的零部件等从边缘掉下去误伤下方的人员或设备,平台面板四周应装踢脚板,其高度不得小于 150 mm。

② 护栏

当走廊高度高出地面 200 mm 时,为预防作业人员从高处位置或地板边缘掉下去,在所有敞开侧都应装护栏。护栏的扶手高度应根据第 95 百分位的人体垂心高度和可能携带的最大负荷量对重心高度的影响确定,其数值应大于 1 050 mm。护栏可采用网状结构。采用非网状结构形式时,护栏的立柱间距应小于 1 000 mm,横杆间距应小于 380 mm。从而可以防止作业人员从护栏中间空隙掉下去。扶手直径最小为 30 mm,最大为 75 mm,一般可取 35 mm。

第四节　人机工程学在机床设计中的应用

一、数控机床简介

(一) 数控机床的概念及分类

1. 数控机床的概念

数控技术是用数字信息对机械运动和工作过程进行控制的技术,是现代化工业生产中的一门新型的发展十分迅速的高技术。数控装备是以数控技术为代表的新技术对传统制造产业和新兴制造业的渗透形成的机电一体化产品。数控技术及装备是发展新兴高新技术产业和尖端工业的使能技术和最基本的装备。在提高生产率、降低成本、保证加工质量及改善工人劳动强度等方面,都有突出的优点。

数控机床是采用了数控技术的机床,或者说是装备了数控系统的机床。国际信息处理联盟(International Federation of Information Processing, IFIP)第五技术委员会,对数控技术的定义为,数控机床是一种装了程序控制系统的机床。该系统能逻辑地处理具有使用号码或其他符号编码指令规定的程序。

2. 数控机床的分类

数控机床的品种及规格很多，分类方法也各不相同。其中，根据机床的工艺和用途，数控机床可分为金属成型类数控机床，金属切削类数控机床，数控特种加工机床以及其他测量、绘图类数控机床。

(1) 金属成型类数控机床是负责挤、压、冲、拉等成型工艺的机床，常见的有数控折弯机、数控冲床等。

(2) 金属切削类数控机床通常安装有钻、车、磨、镗等切削工具，是负责切削工艺的车床，一般包括数控车床、数控铣床、数控磨床和加工中心等。

(3) 数控特种加工机床是负责加工工艺的车床，主要有激光切割机床、电火花成型机床、数控火焰切割机床、数控线切割机床等。

(4) 测量、绘图类数控机床主要由数控绘图仪、数控对刀仪、数控三坐标测量仪等。

(二) 数控机床的加工过程

数控机床加工零件的过程如图 8-4 所示，主要包括以下步骤。

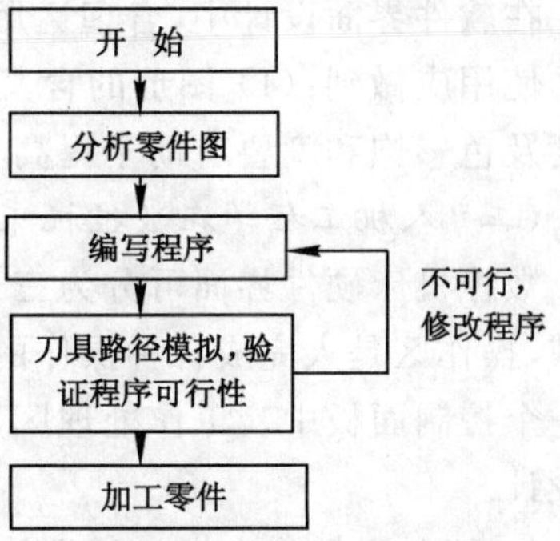

图 8-4　数控机床加工零件的过程图

(1) 对零件的加工图样进行分析，确定工艺过程和工艺参数。

(2) 按照零件加工图纸，编写零件加工程序单；或使用自动编程软件进行 CAD/CAM 工作，直接生成零件的加工程序文件。

(3) 将加工程序输入机床控制系统。由手工编写的程序，可以通过数控机床的操作面板输入程序；由编程软件生成的程序，通过计算机的串行通信接口直接传输到数控机床的数控单元(MCU)。

(4) 将输入的加工程序，进行刀具路径模拟，验证程序可行性。

(5) 运行程序，完成零件的加工。

其中，分析零件工艺、编写加工程序由操作人员完成，刀具路径模拟、加工零件由机床完成，输入加工程序、刀具路径模拟、检查程序是否可行是人机交互的过程。

二、人机工程学在数控机床人机界面设计中的应用

人机界面是人机系统中人与机之间进行交互和信息交换的界面，它实现了信息的机器内部形式与人类可以接收形式之间的转换，人机交互过程就是在人机界面上发生和完成的。对数控机床来讲，人机界面包括硬件人机界面和软件人机界面，硬件界面主要指整体的造型、显示和操作等，软件界面是应用软件的界面。在人机界面的设计中，主要考虑两个问题，一是人控制机械，应考虑人进行操作时的空间与控制器的匹配；二是人接收信息，使人在操作时观察方便，判断准确迅速。

(一) 人机工程学在数控机床软件人机界面设计中的应用

软件是数控机床控制系统的核心结构，其用户界面直接影响着人的操作和数控机床的工作效率。数控机床软件界面的人机设计注意以下几点。

1. 颜色的使用

在软件界面设计中，合理且成功的颜色调节能起到很多效果。(1) 可以美化人机界面外观，使人精神愉悦，减轻疲劳。(2) 可以加快人对有效信息的处理速度，提高工作质量和工作效率。(3) 可以改善劳动条件，增强舒适感和美感。但在颜色使用过程中，也有一些需要注意的事项，例如，同一画面中颜色数不宜太多；使用合适对比度的颜色组合等。

2. 文字与用语

在软件界面设计中，系统提供信息的文字与用语会影响用户的使用。软件人机界面设计时应采用更有针对性的文字与用语，提供建设性的指导，避免含糊的词语或数字代码。一般来说，文字和用语的使用遵循以下原则：(1) 文字不宜太多，用语要简洁；(2) 格式尽量统一；(3) 信息内容采用用户熟悉的简单语句。

3. 图形的使用

在软件界面设计中，合理运用图形，能提高操作者的应用体验，提高系统应用效果。图形的使用应做到：(1) 图形的含义与系统环境相关；(2) 图形比例合适；(3) 图形的亮度、对比度及色彩饱和度要有助于提高界面的艺术性和美感。

(二) 人机工程学在数控机床硬件人机界面设计中的应用

数控机床硬件界面可分为三个区，监控区、操作区和工作处理区。监控区是集中显示的区域，操作区是人完成各种操作的区域，监控区和操作区组合为一个单元，称为控制区，集成在一个控制面板中。工作处理区是机床装卸工件并对工件进行处理的区域，主要涉及机床门设计。

1. 控制面板的人机工程设计

数控机床的控制面板是人机交互的直接通道，其设计质量不仅影响人的操作，还影响机床的外观造型。

大多数数控机床的操作区和监控区集成在一个控制面板上，即控制面板上既有显示屏也有按键、旋钮等部件。图 8-5 是深圳市钜人数控设备有限公司的数控加工中心，其控制面板固定于机床本体外壳上，显示区域与操作区域在一个平面上。图 8-6 为斯图特公司的 S121 万能内圆磨床，其控制面板固定于从机床上方伸出的悬臂上，显示区域与操作区域有一定的夹角。

图 8-5　数控加工中心的控制面板

图 8-6　斯图特 S121 万能内圆磨床的控制面板

人的视野范围，在视野中心的 3°以内为最佳，上下 30°～40°，左右 15°～20°为最大，控制面板中显示装置的尺寸、结构设计和布局要考虑人眼视区，以便人在最短的时间内查看显示信息。相对于显示装置,控制面板上的操作装置与操作者关系更密切,操作装置既要向操作者传达自身信息,操作者也要把信息传递给机器。控制面板上常用的操作部件有按键、旋钮和手柄等。按键的设计要保证其截面形状、大小与手指的尺寸相适应,按钮的基本人机工程学要求则是要有利于施加操纵力。

2. 机床门的人机工程设计

机床门是数控机床的重要部件,其设计质量对机床操作体验有着重要影响。机床门设计时考虑其造型要与机床外罩相协调,同时还要考虑门的尺寸。为便于人员操作,门的宽度一般大于工作台尺寸,工作台较小的机床一般采用单开门,工作台较宽的则选用双开门。图8-7为新瑞重工科技有限公司VM60立式加工中心,采用的是双开门。把手的设计需考虑手幅长度、手握粗度、握持舒适性以及把手在机床上的安装位置。为了便于观察工件加工进度,机床门上一般装有观察窗,观察窗的大小和位置影响操作者对工件观察的效果。观察窗的高度以人的视高为依据,一般选取第50百分位的人体视高来设计。加工中心主轴运动范围较大,观察窗较大,而车床加工范围小,观察窗较小。

图8-7　VM60立式加工中心的双开门

第五节　人机工程学在家用汽车设计中的应用

随着汽车工业的发展和人民生活水平的提高,家用汽车已走进千家万户,成为家庭出行的重要交通工具。

家用汽车的设计应充分考虑人的因素,既要保证安全,又要考虑舒适性,因此,人机工程学的原理和方法在汽车设计中应用十分广泛。家用汽车设计与人机工程有关的部分有显示装置、控制装置、汽车座椅、作业空间等。

一、显示装置设计

汽车上使用最普遍的显示装置是汽车仪表,汽车运行的里程数、发动机转速、燃油液位、报警信号等信息均显示在汽车仪表上,因此,汽车仪表是驾驶员获取汽车运行状态信息的重要部件,是汽车安全行驶的关键。

汽车运行过程中,无论是在高速公路上快速行驶,还是有其他意外情况发生时,驾驶员都要时刻关注路面情况,关注仪表盘显示的汽车状态。因此,汽车仪表设计要求中,最先满足的就是所有显示的和汽车状态有关的信息必须放在驾驶员视线最容易到达的地方，并且直接移动视线就可观察到，而不需要额外的动作。除此之外，仪表的设计还应考虑以下几点。

（1）工作可靠，显示数据准确、清晰，抗震、耐冲击性能要好。

（2）仪表显示的信息量在人的判断和认读能力范围之内。汽车运行过程中，驾驶员需高度集中精力关注路面状况，若出现大量信息让驾驶员同时处理，会有安全隐患。

（3）仪表盘的尺寸、颜色、亮度等与驾驶环境相匹配，同时符合人的心理和生理特性。例如，汽车在夜间行驶，驾驶环境亮度较暗时，显示装置自带照明光源，方便读取。

（4）显示装置和控制装置合理布置。例如，驾驶室内的方向盘不能遮挡仪表盘。

二、控制装置设计

汽车驾驶室里的控制装置可分为手部进行控制的手控制装置以及用脚部进行控制的脚控制装置。手控制装置有方向盘、换挡手柄、手动制动器、各种辅助按键和旋钮等。脚控制装置包括加速踏板、刹车踏板以及离合器踏板。这些装置是驾驶员用来操控汽车以改变其运行状态的部件，其设计是否合理、可靠，直接影响整个人车系统的效率以及汽车的安全行驶。汽车行驶过程中，驾驶员双手不能离开方向盘，同时还可能需要对其他控制部件进行操作，这就对汽车的控制装置的设计提出了除满足功能以外的更高的要求。

1. 汽车方向盘

汽车方向盘是最为核心的控制装置之一，是驾驶员与汽车进行交互最频繁的界面。方向盘的形状、大小、操纵力和运动方向等应符合人机工程学，使其最大限度地满足操作安全性和舒适性的要求。

（1）方向盘与手接触的部位应有适合指形的波纹，横截面应保证握持舒适、可靠。

（2）方向盘的大小应符合动作肢体的人体测量数据。

（3）方向盘应布置在人手活动最灵敏、操作准确度最高、视野最好的区域。

（4）方向盘的操纵力应以人体力学参数为依据，通常，方向盘操纵力应为 45～100 N。

（5）方向盘的运动方向应与车辆行驶方向的变化相协调。

2. 其他手控制装置

车辆行驶时需驾驶员保持高度的注意力，同时需要驾驶员尽快作出有效的操作，因此，除方向盘以外的手控制装置应布置在驾驶员的手伸及界面内，以便驾驶员在正常的安全带束缚条件下能方便地操作这些装置。汽车驾驶员的手伸及界面指驾驶员以正常驾驶姿势坐在座椅中，身系安全带，一手握住方向盘时，另一手能伸及的最大空间界面。

手控制装置除布置在驾驶员手伸及界面内，设计时还应考虑：

（1）旋钮手控制装置的大小应与手掌有足够的接触面积，旋钮表面作粗糙处理，以满足手握舒服、容易旋动的要求。

（2）移动手控制装置设计时应考虑握柄的形状尺寸，合理选择握柄的行程。

（3）为使控制行为更加准确，操作装置应具备一定的阻力，防止驾驶员由于主观原因所导致的控制不稳定。

3. 脚控制装置

加速踏板、刹车踏板以及离合器踏板的空间位置影响驾驶员脚的施力和操作效率。汽车驾驶室内的加速踏板一般为直动式，而离合器踏板和刹车踏板一般采用需要脚悬空踩踏的踏板。踏板设计时要考虑：

（1）踏板的大小要保证与脚掌有一定的接触面积，保证操作时有效。

（2）踩踏时要有一定的阻力。

（3）要注意用力梯度的问题。操纵力的大小和操作量的程度之间存在着比例关系，可以把这种数学关系描述为用力梯度。无论是加速踏板、刹车踏板还是离合器踏板，希望驾驶员在进行操作时，能通过用力获取操作量的信息。

三、汽车座椅设计

家用汽车中的座椅是影响驾驶舒适度的重要设施，舒适而操作方便的驾驶座椅，可以减少驾驶员的疲劳程度，降低事故的发生率。根据交通事故起因调查统计分析，疲劳驾驶是造成交通事故的常见原因之一，因此，汽车座椅的设计应从人机工程角度出发，满足驾驶人员舒适度、方便性以及行车安全性的要求。

（1）驾驶员座椅的设计能让人经常改变自己的姿势和位置，以便长时间坐在一个位置不动而出现肌肉紧张时，能稍微转换身体位置使肌肉放松。

（2）座椅的尺度与人体测量值相配合。

（3）为使驾驶员上身靠在靠背上进行操作时，双脚能接触地板，汽车地板搁脚部位应朝前上方倾斜，与水平面夹角约为 20°。

（4）座椅靠背与坐垫之间的夹角应为 95°左右，以避免骨盆向前歪斜而弯腰。

（5）驾驶员操作踏板时，小腿与大腿的舒适夹角为 110°～120°，脚与小腿的舒适夹角为 85°。

概括起来，舒适的坐姿，能保证腰椎弯曲处于自然状态，腰部、背部及腿部肌肉处于松弛状态。图 8-8 给出了人体舒适驾驶时的关节角度范围。

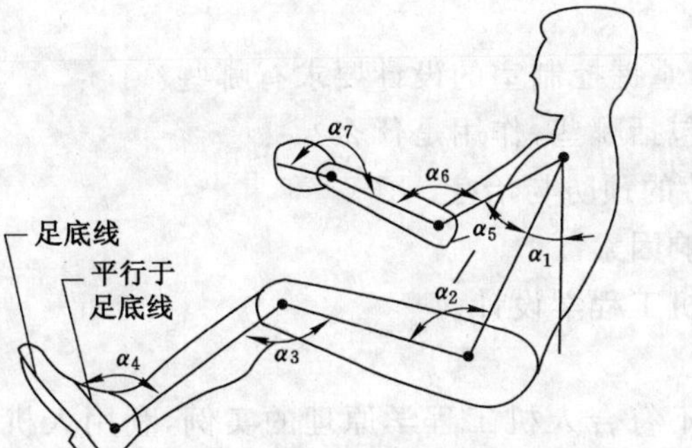

α_1	20°～30°
α_2	95°～120°
α_3	95°～135°
α_4	78°～105°
α_5	0°～50°
α_6	80°～170°
α_7	170°～190°

图 8-8　人体舒适驾驶姿势的关节角度范围

乘坐员座椅的设计原则与驾驶员座椅相仿，乘员座椅的功能是为乘坐者提供舒适的休息条件，不涉及对车辆的操控，因此设计时可以更灵活，重点考虑舒适性。

四、作业空间设计

合理的作业空间设计能保证驾驶员安全舒适驾驶汽车，减轻紧张和疲劳。驾驶室空间设计主要考虑汽车座椅、显示装置、控制装置在内部空间的合理布置及车内温度、湿度、噪声、振动等环境因素。

1. 驾驶室空间

驾驶室空间应宽敞适度，给人员出入和活动留足够的空间。驾驶员位置的空间，最好能保证第 95 百分位的男驾驶员挺直坐在高度调节到最高位置的座椅上面时，头顶不会碰到驾驶室顶部，驾驶室的门应保证驾驶员出入时方便，控制装置适合于驾驶员操作，显示装置便于驾驶员观察，车窗的大小保证驾驶员正常驾驶时有良好的视野。

2. 驾驶室环境

驾驶室内的温度湿度等环境会影响驾乘人员的舒适度。有研究指出，汽车驾驶室的最佳温度范围为 18～24 ℃，温度过高，驾驶员容易注意力不集中，反应变慢，温度过低，容易导致人体肌肉活动能力下降，引起驾驶疲劳。因此，驾驶室的温度和湿度最好能根据天气情况方便调节。

人长期处于噪声环境下工作，会引起诸多不适应症，例如，头疼、头晕、容易急躁等。驾驶室内的噪声，主要来自于发动机。针对驾驶室内的噪声，应采取必要的降噪措施。车辆在道路正常行驶时，由于路面崎岖不平引起的车辆的振动会影响驾驶员的操作。驾驶室应采取措施减少或消除振动，以缓冲振动对驾驶员的影响。

人类的生产、生活、科研各行各业都离不开人机工程学。通过上面五节内容，简要介绍了人机工程学的一些典型应用。随着我国现代化建设的进行，随着人们对安全健康和工作效率的重视，人机工程学必将受到越来越多的重视。学习好人机工程学，可以更好地为保障人民的安全健康和提高工作效率服务！

复习思考题

（一）知识性习题

(1) 简述控制室的平面布置，掌握控制室的设计要求有哪些？

(2) 简述视频显示终端主要包括哪些，作用是什么？

(3) 简述 VDT 作业者视疲劳的预防与治疗。

(4) 简述车间作业环境的影响因素。

(5) 简述车间安全通道的人机工程学设计。

（二）研究性习题

(1) 搜集在控制室设计中的不符合人机工程学原理的实例，利用人机工程学的学科思想及方法，提出自己的改进设计。

(2) 试调研，目前在电视机的设计当中，为了减少对使用者健康的影响，设计人员都采用了哪些人机工程学的理念。

(3) 人类在进步，科技在发展。试探讨在实际车间设计时，除了本章所学内容，还有其他影响因素吗？

(4) 走进工厂调研人机工程学在一款数控车床设计中的典型应用，分析设计人员为什么这样设计。

(5) 调查人机工程学在家用汽车设计中的典型应用，分析设计人员都采用了哪些人机工程学原理。

参考文献

[1] 安维洲,刘利军.工厂作业环境管理[M].北京:中国时代经济出版社,2008.
[2] 陈博.基于人机工程学的数控车床人机界面的设计研究[D].西安:西安工程大学,2015.
[3] 陈启安.软件人机界面设计[M].北京:高等教育出版社,2004.
[4] 丁玉兰.人机工程学[M].北京:北京理工大学出版社,2017.
[5] 董建.人机工程学在数控机床人性化设计中的应用[D].齐齐哈尔:齐齐哈尔大学,2012.
[6] 郭伏,杨学涵.人因工程学[M].沈阳:东北大学出版社,2001.
[7] 郝佳梦,刘宏岩.疲劳本质的中西医研究进展[J].长春中医药大学学报,2017(5):853-854.
[8] 焦东亮,高艳,魏婷婷.中医气质学说的跨文化比较[J].南京中医药大学学报(社会科学版),2009,10(04):194-198.
[9] 李红杰,鲁顺清.安全人机工程学[M].北京:中国地质大学出版社,2006.
[10] 李建中,曾维鑫,李建华.人机工程学[M].徐州:中国矿业大学出版社,2009.
[11] 李一民.数控机床[M].南京:东南大学出版社,2005.
[12] 栗继祖.安全心理学[M].北京:中国劳动社会保障出版社,2007.
[13] 栗继祖.安全心理学[M].徐州:中国矿业大学出版社,2012.
[14] 梁友信.劳动卫生与职业病[M].北京:人民卫生出版社,2000.
[15] 林崇德.心理学大辞典[M].上海:上海教育出版社,2003.
[16] 刘伟,庄达民,柳忠起.人机界面设计[M].北京:北京邮电大学出版社,2011.
[17] 毛恩荣,张红,宋正河.车辆人机工程学[M].北京:北京理工大学出版社,2007.
[18] 牛侨.职业卫生与职业医学[M].北京:中国协和医科大学出版社,2003.
[19] 欧阳文昭,廖可兵.安全人机工程学[M].北京:煤炭工业出版社,2002.
[20] 孙成秀.基于人机工程学的轿车总布置研究[D].吉林:吉林大学,2013.
[21] 王爱玲,武文革,辛志杰,等.现代数控机床[M].北京:国防工业出版社,2009.
[22] 王保国.安全人机工程学[M].北京:机械工业出版社,2007.
[23] 王三保,陈浩.人体运动能量消耗测量的方法学分析[J].体育时空,2013(18):128-129.
[24] 王钰雷,王倩倩.人因工程在生产车间的应用研究[J].商,2013(13):377.
[25] 吴晓莉,薛廷.基于人机工程学的数控机床设计与分析[J].现代设计与先进制造技术,2012,41(17):47-50.
[26] 吴英.安全卫生[M].天津:天津大学出版社,1999.
[27] 谢庆森,王秉权.安全人机工程学[M].天津:天津大学出版社,1999.
[28] 尹梦婕.汽车驾驶室人机界面设计方法研究[D].成都:西华大学,2014.

[29] 曾满林，戴礼强，赵福全. 基于人机工程的汽车设计方法[J]. 工业工程，2012，15(5)：55-59.

[30] 张昆，韩印. 汽车座椅设计与人机工程[J]. 云南工业大学学报，1997，13(1)：68-70.

[31] 张兴容，何恭与. 作业场地布置的人机学设计[J]. 人类工效学，1996(1)：46-70.

[32] 赵柱文，武晓敏. 安全人机工程[M]. 重庆：重庆大学出版社，2014.

[33] 朱序璋. 人机工程学[M]. 西安：西安电子科技大学出版社，2006.

[34] Herbert C Kelman. Compliance，Identification，and Inter-nalization：Three Processes of Attitude Change[J]. Journal of Conflict Resolution，1958(2)：53.